周品慧 著

为什么
法国女人
保鲜期特别长？

U0630495

中国民族文化出版社

北京

图书在版编目（CIP）数据

为什么法国女人保鲜期特别长？ / 周品慧著
.—北京：中国民族文化出版社有限公司，2021.1
　ISBN 978-7-5122-1342-5

　Ⅰ.①为… Ⅱ.①周… Ⅲ.①女性－修养－通俗读物
Ⅳ.①B825.5-49

中国版本图书馆CIP数据核字（2020）第041956号

为什么法国女人保鲜期特别长？

作　　者：周品慧
责任编辑：陈　馨
责任校对：李文学
装帧设计：水长流文化发展有限公司
出 版 者：中国民族文化出版社　地　　址：北京市东城区和平里北街14号（100013）
　　　　　邮编：100013　　联系电话：010-84250639　　64211754（传真）
印　　刷：三河市良远印务有限公司
开　　本：787mm×1092mm　1/32
印　　张：8
字　　数：200千
版　　次：2021年1月第1版第1次印刷
标准书号：ISBN 978-7-5122-1342-5
定　　价：49.80元

目录 CONTENTS

有魅力，永远没有保鲜期

1　用心营造的随意　002

这些女人引人注目的秘诀就在于：完全看不出她们为了取悦别人而刻意在遵循某种规则！几乎所有的法国男士都喜欢没有刻意摆任何"pose"的女性。也就是说，处于不设防、完全轻松自然状态下的女人是最吸引他们的。

2　谁知道，万一，也许……　011

每个人心中都有一个自己的形象标准，随时要努力达到那个标准。最终的目的是通过全身的搭配，呈现出最忠实、美好的自己。随时准备好，也是让自己永远处于一种安心、不慌乱，任何时候都游刃有余的心理状态。

3　女人的保鲜期　023

在法国，女人相对可以从容老去。她们的容貌也许不再娇嫩，皮肤也不再光滑，头上也偶有几丝白发，但她们的打扮依然风格明显。女人不是超市里待售的酸奶，她们没有保鲜期。如果要有的话，那男人也应该有！

她们的魅力来自于时光的淬炼

推荐序

Séduction，一生魅力的总和

欧莱雅台湾地区总裁　陈敏慧（Amy CHEN）

首先，我很高兴品慧继《巴黎上车，台北到站》后，出版第二本有关法国女性魅力的书。谈到"Séduction"这个词，单从字面解读，可能会让人以为是诉说女性的魅力，其实"Séduction"在法文中的意思是"魅力的总和"，它包含了对异性、对品位的见解，更多的是对生活该有的态度。

我在法商公司工作超过20年，在巴黎住过两年，飞往巴黎不下40趟，因此我在阅读品慧的文章时，很容易产生共鸣。品慧将自己在法国生活40年的历练与观察，透过她的视角落入笔端，再用一篇篇的小故事细说法国女人魅力的秘密。她的文章贴近生活、真实易懂、幽默风趣，读到似曾相识的经历时，我不禁笑了。

　　仔细想想，法国女人的优雅、气质、品位……是天生的吗？

　　不，她们是从小培养，于环境中学习，进而体现在生活之中。

　　我在巴黎生活那两年，常常观察我的法文老师。她很清楚地知道什么颜色、什么款式能凸显自己的特点，她对小细节非常注重，她相信自信是女人身上最好的配饰。

　　以前我们认为，"女力"是指女性要独立、自主、聪慧。但品慧的书提醒我要重新定义"新女力"，即独立、自主、聪慧，还要加上特有的魅力！

　　这也是我想对所有在工作中努力、不懈挑战自己的女性所说的话：在职场上追求肯定与价值的同时，也别忘了展现魅力，发挥"新女力"。**Because we are worth it!** （因为我们值得！）

推荐序

年龄限制不了真正的美

美商杰帝邑投资公司创办人　陈恒逸

足蹬克里斯提·鲁布托（Christian Louboutin），双腿修长，紧身牛仔裤包覆的膝盖笔直优雅，性感又端庄的她从高雅德（GOYARD）手提袋中取出高铁票，从容地通过验票处——这是我对周品慧的第一印象。

这非常女性的一幕，也是阅读周品慧作品的感受。清代程正揆评论宋元山水画时，曾说："宋人无笔不简，元人无笔不繁。"宋画繁密但笔意简洁，元画疏落但意境丰富。周品慧的新作无疑是宋画，许多颇为冗长且华丽的场景描绘，凸显了文章的丰富性，传递出的却是一个简单的信息——女性的自觉。

她在书中描述，法国男人"那种眼神虽然短暂，却很专注，而且带着某种坚持，像一把火似的，让任何女人不由自主地觉得自己风华绝代。""短暂"是客观的白描，"专注与坚持"则是主观的期待；无论主客观的描述，都是为讴歌女性风华绝代的繁复铺陈。因此她的自觉并非张牙舞爪的女权主义论述，更多呈现的则是女性与生俱来的细腻的感官世界。这样放大的细腻，令周品慧的文字散发出罗兰·巴特（Roland Barthes）《恋人絮语》里的絮絮叨叨。文中描写的某个眼神、女人丁字裤上方的腰际线、男人的西装剪裁，抑或魔术般的香水味道……如果没有深刻的自觉与自信，都可能变成"脱离和谐曲调的单音"。我猜周品慧应该是希望读者能在她描述的浮光掠影之间，真正理解每个人都有很多闪光的瞬间，自信地把每个单音串在一起，组成美丽的人生。

周品慧文中深刻的女性自觉，并不局限于个人的生活经验，还有许多田野调查的结论。但本书绝非现代男女交往的实践手册，更不是时尚杂志里的恋爱守则。相反，作者分享了如何架构与驾驭单纯的自信和美丽，从容地通过每一个人生旅途的检票处。

对于男性来说，这本书不啻为当头棒喝。我们很不习惯真心地将女性视为与男性平等且独立存在的个体；我们抑或浅薄地认为，女性是男性的附属品、战利品，或将美丽的女性当成只可远观的仙女。周品慧教我们百年修来同船渡的真意，每段邂逅、每个眼神的交会、每个让心跳空了一拍的刹那，都是两个活生生的人，相互对等地传递着精神与信息。倘若男性只专注于女性美丽的皮相，而忽略了摇下车窗简短对话与邀约的小小悸动，以及拒绝之后扬长而去的理当无憾，那男性仍然有很长的路要走。

自序

魅力，就是权力；美丽，自己定义

2017年5月，法国选出了一位年仅39岁的总统。法国大选其实算不上什么大事，照道理登不上其他国家媒体的头版，但是法国人这次选出的不仅是有史以来最年轻的总统，而且更让人惊讶的是这位"小"总统的特立独行——居然娶了一位比他年长24岁的太太，是他从16岁起就爱恋的老师！一夕间，全世界都知道法国总统叫马克龙，他的夫人叫布丽吉特，而且她比他大很多，很多……

布丽吉特像电影明星似的，一夜之间爆红。没有人在意谁当了法国总统（除了法国人以外），但是布丽吉特给全世界的女人打了一剂威力无比的强心剂！马克龙则向全世界证明，新世代的男性比他们的前辈进化了。

这段罕有的恋情令人称羡、好奇，甚至不可置信。如今，不仅全球知名企业家和娱乐界名人，就连很多领导人，如美国、巴西、意大利等国的总统或总理娶的都是比自己小二三十岁的娇妻。老夫少妻不足为奇，早已被社会所接受，没有人会被指指点点。男性只要有钱、有地位，无须保养，不必拥有年轻的外表，不需要拥有特别的魅力或内涵，就可以轻松找到年轻貌美的女伴。

相对的，大部分女性总是被岁月和外貌追着跑。年轻时，一方面时刻注意自己的容颜、仪态，调整个性，以取悦男性，希望觅得一个理想夫婿，拥有一个美满的家庭；另一方面，自己努力创造属于自己的一片天。现代女性的一生要扮演许多角色，但是有一天，她忽然发现小孩长大了，自己青春不再，丈夫也走了（各种不同的"走"法……），如果有幸身边出现一个比她年轻的男性陪伴，周围的人就会议论纷纷。大家对这种情况的判断通常是认为不可能或不持久，女性最好还是找个年纪相当的对象比较妥当。大多数女性其实也没有勇气尝试，她们不仅对自己没有信心，对男性的本性更缺乏安全感。女人的担心不无道理，因为她们一直处于被动的地位，自古以来好像选择权都在男性手中，女性只能努力迎合父权社会制定的审美观和道德观。难道，女性只能被束缚在这样的框架中吗？

旅居法国40多年，我深切感受到，一个女人的智慧，以及随着年龄和经验而获得的成熟，有时可以胜过年轻貌美的青春肉体。她们的知性可以成为男人心灵和事业的支柱，甚至避风港，这或许是许多年轻女子望尘莫及的。我并不是要鼓励所有女人都向布丽吉特学习，我只想说，尤其是对所有男性说：一个女人的吸引力，不一定全靠外在的条件，它是许多元素的组合，每个女人都可以拥有自己的美，只要拥有一样东西——自信！

吸引或被吸引"séduire"或"être séduit(e)"

从法国回到中国台湾后，我发现处处有美女，个个娇滴滴、水嫩嫩的。自己一向不属于审美标准范围内的角色，年华也已老去，有方文化的宜芳却在此时向我邀稿，请我畅谈法国女人的吸引力。

　　吸引力（魅力）这个词在法国人的眼里的确具有相当的分量，他们可以被一个人迷住，也可以被一只猫、一本书、一段演讲、一道菜、一部电影，甚至被夕阳、破旧的教堂、跳蚤市场的古董花瓶迷住。"séduire"和"être séduit(e)"是他们经常挂在嘴边的词汇。仔细思量，现代社会处处讲沟通，其实从某种程度上来说，沟通不就是尝试着说服对方，把他引到你这边来吗？这也是发挥吸引力最好的舞台，先让对方在众多的选择中注意到你（吸），然后把他引到你的世界里（引）。男女关系如此，人际关系也是如此，这是一种生存之道。我们在生活中无时无刻不在有意识或无意识地践行着"魅力，就是权力"这个天然法则。诱惑当前，人人有责。无论年龄、不分性别，永远不要放弃这个探索别人、认识自己的挑战。法国女人一向顶着"迷人""吸引人"的光环，其实她们并非特别漂亮，身材也不高挑，但不知为什么，她们的打扮、一举一动、眉眼之间就有一种说不出的味道，让她们时而冷傲，拒人于千里之外，时而慵懒妩媚，时而灿烂亲切，时而犀利尖锐。法国女人其实和全世界的女人一样，她们一生也背负着多重角色。但和亚洲女性相比，也许因为她们的生活环境比较开放自由、思想比较独立，桎梏较少，也比美国女性少了一些来自清教徒和女性主义的压力，所以法国女人好像相对更容易按照自己的意愿，走自己的路。独立思考型的教育也使她们懂得如何选择，懂得说不，而且使她们更有自信。自信或许就是魅力的来源。

自信，男女都需要

　　我从来就不是一个死硬派的女性主义者，我只认为男女应该同职同薪，共同分担责任，共同处理生活琐事而已。我深信男性身上有阴柔的一面，而女性身上也有阳刚的一面，只是传统教育的框架把许多人该有的感性压抑了，以至于我们对男女的角色和特质形成了非常僵硬、制式的认知。西欧及北欧的许多国家，有些男性会申请育婴假，而女性如果能力较强，由她养家也可以，没有人会因此觉得这样的男性缺乏男子气概。男女在一起就像选鞋子，适合自己的脚最重要，名牌有时反而会磨脚，要贴很多创可贴。

自信并非只有女性需要，男性也需要。每天早上面对镜子，看到自己愈发稀少的头发、下垂的眼袋、松弛的赘肉、挺出的肚腩，你真的觉得身边拥着如花似玉的娇妻就能证明自己雄风仍在，一如往昔吗？不，你的豪宅、名车和钻石卡，才是你最致命的吸引力！

多少次，我在外国街头看到推着婴儿车或陪着小孩玩耍的男人，他们的魅力绝不输给好莱坞的男明星。超市里推着购物车的男人也可以很性感，因为他们有自信。

谁说男人一定要比女人强？两人在一起，如果相知相惜，愿意接受也愿意付出，那就是美好的。自信不在表象，它在你的内心。

再强的男人也有脆弱的时候。一个心灵相通，关心体贴，陪你喝酒谈天，难过时肩膀让你靠，困难时勇敢捍卫你，能让你在她面前卸下男子汉的面具，会为你擦拭泪水的女人，不值得你拼命去珍惜吗？整形医师和许多道具制造出来的外表，只是漂亮，并不是美！

人与人相处，追求的是一种真实的关爱和信任，那才是最简单、最美的关系。男女两性如果愿意拓展视野、开放心灵去了解更多美的定义，男女关系的本质会更加互补，更加成熟丰富，也许我们会因此找到更多的爱。

和《巴黎上车，台北到站》（我的上一本书）一样，本书不是一本指导手册，只是以我个人的观察与实际体会，与读者分享法国女人吸引力背后的那些耐人寻味之处，以及人与人之间或男女相处，魅力又是从何发生的思考。我期待能扭转男性脑中对于女性关于美、关于外表、关于年龄的制式思维。我希望，女人无论在任何年龄都不要放弃。无论你是妈妈还是祖母，有伴还是单身，做一个风情万种的女人既是享受，也是你的权利。不要忘记你的魅力和智慧，相信你的价值，你的独一无二！

时代改变了，男性是否也该醒悟，魅力不是女性的专利，女人也喜欢看到打扮得体、风度优雅、言谈不俗、内涵丰富的男士。女性不断地在各方面取得进步，男性也应该把旧时代赋予的众多免死金牌丢弃了。

我生性懒散，一拖近两年，2017年开始缓缓动笔。2018年年初，我回巴黎住了两个月，除了办点公事，特地留在那里搜集了一些一手资料，7月终于完稿。谢谢宜芳的耐心等待和鼓励，感谢Etienne、Eric、Iris、Nicole、Cyril、Alexandra、Emilie、Euralie、Benoit、Francis、Pierre、Cécile、Bernard、Antoine……接受我的访谈，为本书提供了许多故事，并且一再给我打气，在我低潮时贴心地默默相陪。这本书里处处有你们，每个人都扮演了一个角色！

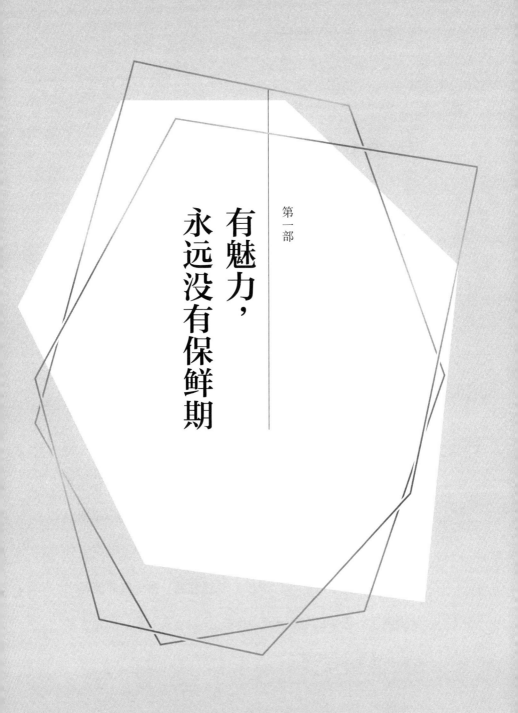

第一部

有魅力，永远没有保鲜期

1　用心营造的随意

就是这句话，不刻意！即使是费了很大的心力经营出来的，法国女人就是要用尽心机，努力掩盖所有"努力"的痕迹！对于外表，她们其实是花了心思的，只是她们的心思花在如何看起来很随意，好像一切只是信手拈来般自然而然似的。

这是我以前常来的一家咖啡厅，也是一些"老巴黎"经常光顾的餐厅。因为它就在卢浮宫旁边，渐渐也有一些观光客出现，但毕竟还是没有花神咖啡馆那么夸张。连日来绵绵冬雨下不停，好不容易天放晴了，虽然冷，但是上面有室外暖炉烤着，腿上有咖啡厅提供的毛毯盖着，露天咖啡座马上就坐满了。巴黎的冬天天气阴冷，只要一有太阳，所有人都跑出来像棉被一样曝晒。

　　我和身旁的男伴已经聊了近两小时。咖啡厅里人来人往，进进出出，我习惯性观察他的眼光会停留在什么样的女性身上，最后按照惯例，我请他指出吸引他的女性客人。几次之后，我发现男士们注意的并不一定是所谓很漂亮的女人，年龄更不是绝对的考虑因素。

　　通常，大多数男性会先看身影，法文叫"silhouette"，就是呈现在视觉里的外观整体线条。听起来好像很笼统，其中却涵盖了许多东西：身材、发型、穿着、步伐和肢体语言等，也就是中文所说的举手投足。这些元素整合起来散发出一种舒服的协调感，而且要做得自然、真诚而不刻意！多数情况下，法国男人（其实女人也一样）都是先凭一种感觉，当一个身影闪过眼前的刹那，大脑已经扫描了整体轮廓。其间可能依照个人品位而有不同的标准，有人会先看到女人的腿，有人对臀部特别敏感（据说这是有科学研究依据的，是动物为了繁衍而形成的一种先天反射意识），有人会被女人的颈部线条所吸引，有人会对脚特别敏感……但最重要的还是肢体语言所传达的信息。

就在眼前，一个穿着长靴，披着斗篷，头上戴着针织毛线帽的女孩匆匆走进来。她靠着吧台点了一杯咖啡，双腿微微交叉，鞋尖偶尔踢着地板。女孩边讲电话边喝咖啡，整个身体的曲线非常好看，动作利落自然，看起来好像完全不在乎是否有人在看她。

隔桌，一位年约40岁的女性，打扮规矩时尚，手上拎着一个大包，里面塞着资料，应该是刚吃完午餐要回公司上班。她边与朋友道别边套上大衣，扬着头，顺手把头发向外拨了拨，脸上带着灿烂的笑容，轻轻地碰触双颊，吻别闺蜜们——这足以让男人的眼光在她身上停留好几秒！因为她所有的动作是那么浑然天成，好像是她一生下来就会的身段！

远远看去，露天咖啡座上一个长发女人穿着黑大衣，肩上随意披着一条灰蓝色的开司米围巾。她一个人静静地坐在那抽烟，偶尔啜饮着咖啡。她并非国色天香，也没有故意摆出电影中常见的故作迷人的姿势，但她抽烟的姿态非常优雅自然。她只是看着路过的行人，没有看手机，悠闲地给自己一点时间享受那杯咖啡和一支烟。突然间，整个空间都因她而构成一幅很美的画面。

我有点懂了，这些女人引人注目的秘诀就在于：完全看不出她们为了取悦别人而刻意在遵循某种规则！

对了，就是这句话，不刻意！即使是费了很大的心力经营出来的，法国女人就是要用尽心机，努力掩盖所有"努力"的痕迹！即使花了一番心思，也要表现出理所当然的轻松，这个铁律被法国女人展现得淋漓尽致。记得小提琴家梅纽因（Yehudi Menuhin）生前说过："音乐家最高的境界是表演时让人觉得轻松自然，毫不费力；如果是挤眉弄眼，面带痛苦，令人替他紧张的话，那表示功夫还不到家！"

不爱照镜子的法国女人

诱惑是一场游戏，无关轻佻，也不是浪荡。将它视为游戏，随时保持自在、轻松的态度，才能把自己最好的牌一张张打出来。我访问过许多法国男人，他们中的大部分都认为其实每个女人都有自己的特质，有不同方式的美，就看你如何表达，当然也要看别人是否会接收到你传达的信息——也许，这就是我们所谓的来电不来电了。听起来很宿命，其实不然，因为除了先天条件，很多东西其实可以后天培养或熏陶。我觉得女人最需要的是先认识自己，好好面对自己的外观和内在，思考自己要的是什么，内外协调了才会让你觉得自在，然后自信就跟着来了。

我的一位法国朋友，曾经是法国女性杂志的资深总编、公关公司的高级主管，现在自创品牌，在圈子里名声响亮，交往过的对象都不是泛泛之辈。她说很多法国女人不管走到哪里，从不照镜子，她也从不看橱窗里映照出的自己。这是何等的自信啊！

她每天早上先打开鞋柜，决定要穿哪双鞋，然后无论刮风下雨，就依照选定的鞋子挑选今天要穿的衣服。即便室外的气温接近0℃，她也可以一身洋装，不穿丝袜，踩着高跟鞋出门。这不仅是对自己品位的自信，更有一股不管对错勇往直前的霸气。这不仅凸显出她与众不同的特质，更增添了个人魅力。她每天看心情和场合打点一身服饰，扮演不同的身份角色，心中认定了自我的价值，言行举止怡然自得。到任何地方，都能轻松驾驭那个空间，让人注意到她的存在。但这绝不是显眼的招摇，而是一种发光的特质，一种气场。

她虽然一早就花了心思打扮，却并不是每天都全身名牌、华丽出场，常常只是简单的衬衫或毛衣。垂肩的头发随便盘一盘，脸颊边永远垂着一缕发丝，乱了就放下来，用手指梳一梳，再扎回去。她就像我们经常在法国电影里看到的法国女人，她们很少头发一丝不乱，也不过分浓妆艳抹，很家常的感觉，不像好莱坞电影明星的妆容，精致的一丝不苟。其实这些看似随意的外在表象，都是刻意经营出来的，恶魔真的藏在细节里。

比方说，一件衬衫要看是什么材质，扣子开到第几颗，袖子要不要卷起来，裙子或长裤是否长了一厘米，有没有垂

坠感……她们连一件T恤的领口都很计较。头发是否像刚从美容院整理好的？太整齐了，那就左一翻，右一翻，再让发丝自然垂下来，最后在头顶抓两下，这样才会蓬松。要有型，但切忌循规蹈矩，更不会照抄时尚杂志的穿搭。对于外表，她们其实是花了心思的，只是她们的心思花在如何看起来很随意，好像一切只是信手拈来般自然而然似的。

事实上，也不是所有法国女人都很漂亮，风情万种。城市里，都市女性占的比例相对较高，所以不会有明显差别，但在偏远的乡村落差就比较大。也许是资源相对缺乏，而且环境需求不同所造成的差别吧！

我经常拿出一沓照片给许多男士看，几乎所有的法国男士都喜欢没有刻意摆任何"pose"（指装腔作势地摆姿势）的女性。也就是说，处于不设防、完全轻松自然状态下的女人是最吸引他们的。妆画得美美地，摆出标准笑容的照片并不一定能得到他们的青睐。因为那些笑容只是一张脸，里面没有任何信息，没有感情，没有温度。对他们而言那只是一张画面，不是一个可以带来许多想象空间的"人"。

美，是要富有生命力的，没有标准答案。每张脸的背后都有一个故事，如何好好地诉说这个故事，如何懂得听这个故事，是世间男女时刻要努力的功课。

2　谁知道，万一，也许……

保持魅力是一种选择，一种练习，最后会变成一种习惯。正因为我们一直老去，所以每天都要更珍惜自己，要更忠实于自己心目中的形象。每天早上起床面对一个有自信的我，就是明天继续活下去的动力！

"On ne sait jamais！"这是法国人时常挂在嘴上的一句话，意思是"谁知道，说不定，万一，也许……"它代表了人生中许多不确定、不可掌控及无法预期的机缘。听起来有点宿命，但也是提点我们的警句。用在女人身上，几乎可以当座右铭。鼎鼎大名的香奈儿女士生前常常对她手下的女职员说："如果没有打扮好，绝对不要出门，因为可能在门口转角就遇到你的真命天子。"这句话听起来好像是需要随时准备应战的感觉，其实我倒觉得更像是对自己的一种精神喊话，勉励自己不要轻易怠惰。这是一种生活的态度，一条尊重自己的纪律。

　　什么是打扮好？我认为就是呈现自己最好的状态。好不好，不在于物件本身，而是能不能让人赏心悦目，而且能表达你的特质。每个人心中都有一个自己的形象标准，随时要努力达到那个标准。最终的目的是通过全身的搭配，呈现出最忠实美好的自己。这并不表示每天都要穿得很正式，而是随着心情的不同、要去的场合、要见的人不同，我们打扮的风格当然也要不同！不可能也不必要时时都穿得像要赴宴似的，但即便是出门买菜、逛街、送小孩上学或去超市买一支牙刷，也有可能发生邂逅或遇见熟人，这就是所谓的"On ne sait jamais！"

简单不是邋遢，宽松也不代表舒服

　　在全世界眼中，法国女人好像特别努力实践"随时准备好"的法则。的确，她们很少穿着家居服或拖鞋就跑出去买面包或遛狗、买菜，运动服也只有在运动时才穿。虽然现在全世界运动休闲服装大行其道，几乎把原属于休闲的牛仔裤市场打垮，但在法国街头，真的很少看到穿着运动服的人，就连带品牌标志的运动衫都很少见。一条牛仔裤、一件白T恤，搭配一双布鞋或高跟鞋也可以很好看，因为它的剪裁能呈现出漂亮的线条，简单的色彩也容易让其他的搭配出色。相对的，运动服的剪裁和繁杂的色彩真的很难替人加分。无论男女，即便只是套上一件五颜六色、带品牌标志或带条纹的运动上衣，性感指数都会立刻急速下降。当然，你在健身房看到的超紧身、除了露肌肉还露肚脐的运动服可能就另当别论了。

　　正因为你永远不知道什么时候会发生什么事，所以最好在任何时刻都适当打理好自己，以最好的一面出现在人前。无论你的准备是不是真的为了遇到命中注定的那个人，但偶尔巧遇朋友，甚至陌生人，他们看到你容光焕发、神采奕奕，说不定会带给你意想不到的机缘。不是说，机会都是为有准备的人而准备的吗？

不可否认，每个人在第一时间都会看对方的外表，但外表并非仅仅指服饰，而是一个人散发出的整体感觉，一种能量。衣服只是帮助你表达你的特质、你的欲望或你当下的心境。这是人与人沟通的第一个媒介，是一张未成形的身份证，也是人际关系的第一道关卡。

你的外表别让年龄的框架限制住

有很多人，尤其是到了某个年龄之后，会有一种惯性思维，那就是我们经常听到的："到了我们这个年纪，简单、舒服就好了。"从这句话中可以听出些许自我放逐的意味。简单是品位的重要原则，但简单绝不是邋遢；宽松也不一定代表舒服，材质和适当的剪裁可以决定衣服的舒适度。无论如何，最重要的是符合自己的特质，让你穿起来自在，而且最能代表你心理状态的衣服，才能真正达到舒服的目的。

　　长久以来，社会给了我们许多框架，年龄就是其中之一。但人类的寿命不断延长，时代在进步，男女的地位也改变了。女性一直以来都很投入地扮演人生不同阶段的角色，从少女、人妻、妈妈，到阿嬷，太多人仿佛时间一到，从生活重心、生活形态，就连穿着打扮也自动转换成"应有的"模式，到最后甚至抛戈弃甲，完全放弃了。通常会给自己一个很好的理由：反正都……

　　巴黎有一位著名的贵族名媛，她一生在各种社交圈闯荡，到了晚年还能优雅地穿着家居服或晚礼服，迷倒大大小小的晚辈，这是给子孙和自己多好的礼物啊！永不放弃，漂亮、潇洒又有尊严地度过每一天！

　　我有一位住在里昂的老朋友，守寡40年，年近80岁了。她每天梳洗后，必定上妆。画眼线、刷睫毛膏、涂上口红，穿黑洋装，胸前挂着几十年前泰国朋友送她的刻着双喜的金项链，耳朵上一对框金的珍珠耳环，然后踩着粗跟半高跟鞋（以前是3寸高跟鞋），漂漂亮亮地出门买菜去！她是业余歌唱家，偶尔仍会参加慈善演出，每个星期节目排得满满的，不是音乐会就是戏剧、诗歌朗诵。我充满敬佩地问她："你怎么有办法每天把自己打理得和40年前一样好？"她说："我一个人生活了40年，如果没有基本的原则，早就变成一个又老又丑又孤独的老太婆了，连卖肉的伙计都不愿意理我！我从年轻时就习惯了自己的形象，因此无法接受沉沦颓废的可能性。"她在72岁时找到一个伴侣，没有结婚，只是一起相伴。

保持魅力是一种选择，一种练习，最后会变成一种习惯。上面所说的两位法国老太太就是终生奉守这种原则的人，她们并不是在追求某个特定的目标，最主要是为了自我，为了不放弃取悦自己和别人的权利。

正因为我们一直老去，所以每天都要更珍惜自己，要更忠实于自己心目中的形象，而非执着地和衰老对抗。每天早上起床面对一个有自信的我，就是明天继续活下去的动力！心理和外表是互相关联的，我相信做子女的也希望看到自己的父母保持青春的外表和乐观的思想。对他们而言，这是一种安心，我们不该吝于给予。

吸引力绝对没有年龄的限制。如果我们仔细观察会发现，在一群婆婆和妈妈中，小孩子通常会对打扮得比较漂亮的长辈感兴趣，这是天性。因为人类是视觉动物，大家都喜欢赏心悦目的东西。身体的自然衰老是不可改变的事实，如果我们再疏于打理自己，日子久了，也会让人产生不愿接近的情绪。

随时准备好，也是让自己永远处于一种安心、不慌乱，任何时候都游刃有余的心理状态。对自己的外观有一定的自信，会让你的言谈举止自然而优雅。也许很多人会觉得，时刻都要处于自己满意的状态实在太累了，但如果把打扮当成刷牙漱口一样的例行公事，习惯之后它就会变成生活中的一部分。打点好自己，不代表每天要在镜子前花半个小时以上的时间。凡事规律化，自然就省力省心。

如今要成为一个漂亮女人其实并不难，只要五官端正

（现在甚至可以通过外力进行改造），借助高超的化妆技巧，由造型师协助选择适当的衣物，大家都有机会被称为"美女"。但是成为一个魅力十足、独特有个性的女人还需要有教养，有自信且谦虚，懂得给人真诚的温暖，有独立思考的能力，有承担自己选择的担当，还要有随时准备好呈现自己最佳状态的毅力。

因为就如香奈儿所说："你永远不知道……"

优雅（élégance）是法国人与生俱来的自我要求

法国虽有浪漫的美名，但基本上还是一个非常坚持传统的国家，至今无法摆脱一些文化和社会层级的框架，有些根深蒂固的无形规制仍然在一代一代地传承。法国人对他们的文化有一定程度的骄傲，更何况法国一直以来都是流行时尚与艺术美学的龙头。在这样的环境下，优雅（élégance）对他们而言似乎是与生俱来的自我要求。好好打扮不仅是对自己的看重，在某种程度上也是显示一个人的出身背景、教育程度和审美观的第一指标，是一种符号。

审美观需要从小培养，法国人在这方面占有得天独厚的优势。他们从小成长的大环境，其他国家就很难比拟：建筑整齐漂亮，到处都有雕像喷泉，街道绿意盎然，公园和美术馆数不胜数，精致壮观的古迹和悠然自得的小广场相得益彰；街头巷尾也处处有惊喜，商店的橱窗或典雅，或活泼，或有创意；周末到乡下走走，你会发现所有的自然景观都被小心翼翼地维护着，没有钢筋水泥，没有铁皮屋，没有杂乱的摊贩，一切都浑然天成，没有人工矫作。

　　他们不但尊重大自然，也热爱古老的东西，家家户户几乎都会有几件旧家具或碗盘、摆饰。祖先传承下来的东西是要珍惜的，父母会对小孩讲解每样东西的历史。法国人一般都很注重居家环境，他们依照自身条件，想办法布置出一个舒适温馨的窝。中等以上的家庭一般水平都不差，孩子们从小入眼的，即便是锅碗瓢盆，好像都经过了筛选。当生活里处处是美学教室，长大后眼光自然就养成了。

　　无论是穿搭还是居家环境，美学训练先让你懂得分辨美丑，然后选择最能表达自己风格的物件，而不是盲目抄袭模仿。如果不能驾驭时尚，就不要盲目追逐。许多豪宅看起来像是豪华旅馆，如果没有自己的风格，那就不是你的房子，只是设计师的作品，只是用钱堆起来的家具展示馆而已。极简风、文艺风或工业风，并不是简单摆设几张昂贵且禅味十足的物件或旧家具就可以经营出来的，终究还是要回归到人与物的和谐。文化是由人散发渗透出来的，而不是光靠实物展现的。

　　时常看到一些设计唯美、接近无瑕的空间，美则美矣，但感觉像美术馆或专供参观的地方。太过完美、太过刻意，会给人一种冰冷的学术感，好像这些东西都是精心设计出来的，而不是用来生活的。零缺点是反人性、没有温度，更缺乏个人特质的。

3　女人的保鲜期

　　法国的社会氛围对女性年龄的歧视似乎没有那么尖锐和严苛，到处可以看到熟龄女子和男伴出双入对。我也希望能够维持最好的状况，但绝对不是逆龄。我觉得最理想的是外表随着心态自然调整到一个最和谐的状态。记住，无论男女，有魅力的人是没有保鲜期的！

　　我在法国住了将近40年，以年龄来衡量可以说从年轻到年老，但一直到搬回中国台湾之前，我从来没有觉得老过。当然，我的经验一直在累积，年龄的数字一直在增加，外表一直在改变，也许是我自己从没把数字放在心里，也许因为我晚婚生子，到现在还没有抱孙的福气，使我至今仍不知要把自己归类到阿嬷级的族群里。我在家族里的地位当然老早就是无奈的"婆"字辈，可是我一向喜欢和小孩直来直往地玩，心里倒也不把自己当老人家看待。

我之所以这么不知天命，其中应该有一个很重要的原因：法国的社会氛围对女性年龄的歧视似乎没有那么尖锐和严苛。不可否认，大多数男人都比较喜欢年轻貌美的女人，但在法国，女人相对可以从容老去，到处可以看到熟龄女子和男伴出双入对。她们的容貌也许不再娇嫩，皮肤也不再光滑，脸上常有岁月的痕迹，头上也偶有几丝白发，胸部也许已然下垂，但她们的打扮依然风格鲜明，必要时仍旧性感，仪态依然优雅，谈吐悠闲自在。她们的眼里不再有少女的憧憬和期待，但多了几分自信，又有一种淡然处之的无奈，还有屈服于岁月的谦虚。正是这份面对自然法则的谦虚，让她们显示出一种泰然自若的淡定（也许心里恐慌，但至少外表如此），这种不在意的态度反而造就了另一种风韵，反而会吸引年轻的男子。

法国女人不是不注重保养，她们也会求助于科技和医疗，也会一天到晚嚷着要减肥，但是似乎没有美国（更准确地说是纽约和洛杉矶）女人那股歇斯底里的疯狂和不顾一切追着时光跑的奋勇。相较于亚洲人对于追求外表永远年轻的执着，她们也有段差距，这或许与物价和生活水平有很大的关系吧。在法国，上美容院做一次头发要30～40欧元（239～318元人民币），染头发要50～80欧元（398～637元人民币），做个脸部美容要60～100欧元（478～796元人民币），所以一般人都是自己洗、吹，自己染的也大有人在，特殊场合才找专业设计师。

我很少听到她们在用胶原蛋白之类的产品，更别谈燕窝了。敷面膜对亚洲女人来说好像是必做的功课，但在法国感觉就没有那么不可或缺。我很少在女人的聊天中听到有关这方面的话题，市面上也不常见到广告营销，也许法国女人太懒了。

她们也规规矩矩地保养皮肤，虽然明知容易造成皮肤的提前老皱，但是太阳一出来，她们还是抢着出去晒，至少在当下享受到了阳光，又能把皮肤晒成小麦色，这是一件快乐的事，毕竟阳光是那么的珍贵。她们不想为了光滑无痕的脸庞牺牲生活的乐趣，这是价值观的差异，人生本来就是一道一道的选择题啊！

运动不是有目的的功课

比起美国女人，法国女人对于现在流行的上健身房重训、慢跑和普拉提等健身活动，也没有那么热衷和认真。她们好像没有疯狂追求完美无缺身材的意愿，嘴里嚷着要减肥，美食当前她们还是照吃，酒也照喝。不过说来奇怪，真正很胖的女人倒也不多，这与她们的饮食习惯肯定有关系。她们三餐正常，早上通常只是一杯咖啡，顶多加一块烤面包，中午和晚餐正常，但是如果中午吃得丰富，晚上自然很简单，可能用沙拉、奶酪就应付过去了，中间很少有吃零食的习惯。她们日常的食物简单，酱料用得不多，还有一点非常重要——除非特殊情况，一般法国人吃饭起码花0.5~1小时，坐着吃，边吃边聊，也许这就是秘诀！

老实说，法国女人，尤其是住在都市里的女人，每天光是搭地铁就要走很多路，许多职业妇女下班后还要去接小孩，回家要做家务，活动量不算少。周末时，她们会去公园散步或骑脚踏车，要不就去乡下走走。她们的运动量大部分集中在每年的度假期间：夏天不是去海边游泳，就是登山攀岩；冬天则是滑雪、旅行。瑜伽和普拉提等近年来流行的时髦运动，法国女人真的不是特别热衷。

与其说法国女人不喜欢运动，不如说她们比较不喜欢把它当成一件有目的性的功课。她们注重生活中的户外活动，但是不喜欢为了刻意达成某种目标而流汗。一切都要融入生活，尽量享受生命中的美好时刻。青春虽然美好，但可能不是最美好的，甚至不会是最精彩的。因此许多中年人被问到是否想回到20岁时，答案都是否定的，大部分人还是比较满意成熟蜕变后的自己。

她们似乎也不会追求完美的人生，因为她们知道生命中

发生的每件事不一定都是圆满的，但是从每次的挫败中，反
而能得到反观自己、重新认识自己的机会。就像一张木头桌
子，经年累月地使用使它变得光滑油亮，更能让人清晰地看
到它的每条纹路，感受到木头的真正本质。人在年轻时总是
不断寻找，不自觉地模仿，不得已地追随，不可避免地需要
认同，但经历过许多不同的遭遇后，渐渐会有一种沉稳自在
的气息，也许越来越世故，但也越来越贴近自己，而每个人
所释放的特质才是最可贵的。

心几岁，外表就几岁

　　回到中国台湾后，我感觉一下掉进一个选美的竞技场。亚
洲女人本来就有一种得天独厚的本事：减龄，二三十岁的女人
看起来仍然像大学生似的，再加上讲话的声调及举手投足保
持可爱状态的时间很长，感觉少女时期可以无限延长。有了年
轻的资本还不够，女人们还要追求更完美，街上到处都是美妆
产品店，电视节目和网络直播最热烈的话题也是美妆或保养，

医美产业更是蓬勃发展，而且现在的口号是越早保养越好。

放眼望去，身边的美女真多，认真究其原因，其实是拜科技所赐，使得许多原本资质普通的女孩也可以变得很漂亮。在这种到处是美女的环境下，谁不想变美？变美以后就要努力维持，而且维持的时间要越来越长。这是一场无止境的战争，一场对抗衰老的战争。

现在最流行的词就是"冻龄"，有种木乃伊的感觉。这个社会好像得了恐老症，"老"绝对不是什么让人心花怒放的事，我也希望能够维持最好的状况，但绝对不是逆龄。就算是拼命用尽方法维持皮囊的外观，最终仍抵不过器官的衰老。

我觉得最理想的是外表随着心态自然调整到一个最和谐的状态，如果需要借助外力也未尝不可，但是不能没有极限。事实上，如果你能维持年轻的心态和思想，适当地维持体力和规律的生活方式，外表自然会跟随内在走。比方说，如果你40岁时就已经习惯了某种穿着风格，到了60岁（甚至

70岁）时，你的心态没有老，那你的穿着打扮也没有理由改变，不必变得更老，也不必变得更年轻。心理几岁，外表就是几岁，不必隐瞒，不必投机取巧。

如果到了70岁，你仍然想打扮得美丽动人，希望仍然具有吸引力，那代表你的心态还是年轻的；如果你觉得自己再也没有吸引人的动力了，那表示你已经进入另一种境界了，外表也会自然表达出你的心态。

这个世界对女人向来是严苛的。男人可以老，可以丑，可以胖，可以矮，可以秃头……只要他们够有钱，够有权，够聪明，有才华，女人通通可以接受。相反，女人不能丑，不能胖，不能太能干，也不能太笨，更不能老。没有比"长江后浪推前浪"这句话更适合用来形容女人的处境了，虽说现在科技发达，女人的青春的确延长了许多，但是再漂亮的女人仍然害怕紧追在其后的更年轻漂亮的女人。尤其是在当今的亚洲社会，男人的选择源源不绝，女人如果不年轻、不漂亮，好像一点退路都没有。

为什么女人永远受年龄与外表的局限呢？而且严格说来是非常单一制式的外表：因为男人喜欢长头发，所以女人留长头发；因为男人喜欢皮肤白皙，所以女人拼命美白；因为男人喜欢洋娃娃似的大眼睛，所以女人割双眼皮，装假睫毛，戴瞳孔放大片；因为男人喜欢清纯可爱的类型，所以女人讲话要娇滴稚嫩，穿可爱的小洋装……

为什么许多男人物化女人，找个漂亮女人当奖杯到处炫耀，或者找个公主像神仙一样伺候，出门提包包，下班接回家？女人是可以当爱人、亲人、挚友、战友，伙伴的，一颗美丽的心，一个灵巧的头脑，智慧的谈吐，优雅的仪态，这些比区区漂亮的脸蛋和火辣的身材珍贵太多了，为什么要那么计较容颜呢？女人不是超市里待售的酸奶，她们没有保鲜期。如果要有的话，男人也应该有！

记住，无论男女，有魅力的人是没有保鲜期的！女人一定要记住，男人也会老，而且老起来灾情可能更惨重！所以，凭什么女人不能对男人要求严格一些呢？

4　魅力马拉松

诱惑只是刹那，迷人却是无限期的，如果前者是跑百米，后者就是马拉松。我从好友E身上看到无法抗拒的迷人气质，没有年龄限制，甚至随岁月的流逝而渐入佳境。无论何时，她散发出的特质和气场，永远不变！

每段爱情故事都是由互相吸引开始，但激情只是一时，当两人交往，从陌生人变成爱人甚至夫妇之后，如何持续爱恋的温度，维持一段稳定且甜蜜的关系，那就是一时的吸引力和无限期迷人的差别了。

我以前在法国的邻居是一对结婚四五十年的夫妻，他们年轻时在非洲一见钟情，他是一家大公司的经理，而她是一头金发的摄影师。两人认识不久，她就下定决心嫁给他了，然后跟随他派驻各地，生养了4个孩子。

我认识E是在小区的游泳池畔，她已经发胖的身材裹在一件式的黑色泳装里，齐耳的金发还沾着水滴，手腕上戴着一只雕刻着非洲图腾的银手镯，另一只手上戴着一颗巨大的黑石戒指，整个人看起来非常时髦且与众不同。严格说来，她不是标准的美女，蓝色的眼睛，脸型略嫌方正骨感，颧骨微凸，但她有灿烂的笑容，一个永远涂着红唇的笑容。记得那天我正在用中文和女儿说话，她主动跑过来和我攀谈，并且立刻热情地邀请我们去她家做客。据说，她一回家就对先生说："我今天在游泳池遇见一位从中国台湾来的太太在和女儿说中文，太棒了！我一定要和她做朋友！"结果我们真的成为好朋友，至今每年回巴黎时我们都会见面叙旧。

勇于追求，勇敢追随的女子

E刚开始自己的摄影生涯不久，到塞内加尔出差遇见她先生的当下，立刻决定要定了这个男人！她说："如果我不抓住，这么好的男人一定马上就会被别人抢走！"不久两人就结婚了，直到现在依然恩爱如初。这对70多岁的永久恋人住在玛黑区的一所老公寓，里面摆满他们几十年来收藏的旧货古董、E的画作和摄影作品。

从选择对象这件事可以看出E从年轻时就非常清楚自己要什么，并勇于追求。她毅然放弃个人事业，追随心爱的男人，搬家无数次，抚养了4个孩子，从来没有佣人，但她一直活得津津有味。他们不是富豪人家，但她的品位一流，也很懂得精打细算，总是可以用有限的资源找到与众不同的东西，把家里布置得处处是巧思，把自己打扮得时尚又有风格。她偏爱黑色的衣服，特别喜欢极富设计感的大件饰品。记得在一场晚宴上，她穿了一件简单的黑洋装，戴着宽版的金色手镯和特大号的戒指，最醒目的是脚上那双橘色缎面绑着丝带的高跟鞋，配上她的一头金发，耀眼得令人目不转睛！

他们在普罗旺斯拥有一栋别墅，每年夏天儿孙聚集度假，也是他们走遍附近所有跳蚤市场，搜集旧货的时候。这是夫妻俩共同的兴趣，回到巴黎后，他们会到处去跳蚤市场摆摊转手卖出。以前我在法国的家里旧东西很多，我们曾经一起摆过摊子，边卖边玩边吃，非常有趣。E的先生是大公司的经理，非常风趣亲切，收藏旧表是他的爱好，每次他都能与客人聊得欲罢不能，乐在其中。E相对比较缺乏幽默感，但她活力十足，可以去市集买卖东西，也可以去参加时装秀，可以跟着丈夫参加各种社交活动，也常常精心布置餐桌，亲自下厨招待客人。她不常用名牌，但眼光精准，绝对忠于自己的风格，即使在一群人中，你也能一眼看到她。中老年后，尽管她身材发胖，依然是个高质感、韵味十足的女人。

E非常独立自信，在很有个性的外表下，藏着一颗热情开放的心。她对人对事永远充满兴趣，不但关心家人，也关心朋友。朋友的孩子创业，缺人手，她二话不说就去帮忙管账。她说话不拐弯抹角，但在紧要关头总是会用几句真诚的话安慰朋友，或干脆说："不行，你的状况不好，我不放心，我下厨煮点好吃的。今晚就住在这，明天好一些再回去！"

看得出来，虽然是四五十年的夫妻了，但他们还是互相欣赏，两人的互动有一种惯性的尊重和温柔。餐后E会说："你累了，去睡个午觉吧！走时顺便把盘子收到厨房好吗？"先生会弯下身子，亲一下太太的脸颊："OK，那我去躺一下，等会儿见！"

虽然已经上了年纪，但在先生眼中，E还是美丽的，依然是他50年前在非洲遇见的金发女郎。他仍不时地赞美她，不只赞美她的外表，也常指着墙上的画，骄傲地告诉大家那是她的杰作，桌上摆的古董也是她挖到的宝。他对E做的菜更是赞不绝口，总是说好吃，这时E会伸出手摸着丈夫的脸，谢谢老公的称赞，说："你真好！"或"你真贴心！"

始终做自己，才能永远不变

虽然E结婚后放弃自己的事业，相夫教子，但从来没有因为教养4个小孩而忘记打理自己，也从来没有放弃自己喜

欢的事。她懂得安排时间去看展览，有空仍然去摄影。不管扮演什么角色，她始终是自己。我看过忙碌中素颜的她，看过生病中的她，更眼看着她年华老去，可是无论何时何地，她散发出的特质和气场，永远都是不变的她！

E不是什么绝色美女，但她懂得凸显自己的优点，用心经营，她对于自己的品位（应该说对自己）有足够的自信。她从年轻到现在一直都很时尚，但从未被潮流绑架。她很早就已经塑造好自身的形象，无论休闲或正式场合，这个形象与她的个性、生活方式、爱好、环境及作风完完全全地吻合，是她内在的延伸，是她的个人品牌。

多年旁观他们夫妻二人的互动和相处模式，我发现他们谨守一个规则，那就是没有任何事是天经地义的，从分工合作到互相关心、互相赞美都不是理所当然，每件事都来自对方真诚的体贴和关爱，所以要珍惜，要感谢。每段关系中除了要有爱情，有欣赏，有相互平衡的付出，更要有尊重。

要成为一个漂亮的女人并没有想象中那么难，以市场上所提供的各种产品和方法，媒体大量宣传穿衣化妆的信息，再加上各种图片修饰的技术，真实和虚拟的"标准"美女越来越多。

但是啊，我们是人，不是一尊塑料娃娃，必须要有温度、有味道、会动、会说话、会有情感；要有知识、有个性、要能表达，更能倾听；要爱怜、要生气、要有七情六欲。这世界上没有一个人是相同的，即使同一原生家庭的成员也是独立的个体，所以每个人都有自己的特色，懂得凸显与众不同的个人特质，才能展现出自己独特的吸引力。

E就是我心中拥有法式经典魅惑力的女性。她没有任何心机地把他人很自然地吸引过来，让人想接近，想揭开神秘的罩纱，了解隐藏在其后的灵魂。有些人就具备这种无法抗拒的迷人气质，这种魅力是由外在、教养、内涵，以及一颗懂得关爱他人的心融合而成的，没有年龄限制，甚至随岁月的流逝而渐入佳境。

看得懂这块瑰宝的人，才是你要的男人！

5　吸引力，来自身体的自在

　　我并不是要鼓励大家效法巴西女人，毕竟文化不同，社会环境也不同，但值得学习的是她们对自己的身体毫不质疑，使她们能理直气壮地面对外面的世界。唯有身体自在，才能从容表达内在的自我。

很少有人对自己的外貌十分满意，眼睛太小，鼻子不够挺，皮肤不够细致，脸型不好，胸部太平坦，身材不够高，太胖，腿太粗，屁股太大……其实不分性别，可能由于个性、教育和社会文化的影响，我们从小就对自己的身体有点不知所措，甚至极度缺乏信心，需要展现自己时常常扭捏不安。我们对自己的躯体好像也有些陌生，不知如何看待。我常想，不知是肢体绑架了思想，还是思想绑架了肢体？也许就是一种恶性循环！

　　通常到了某个年纪，人生历练累积到一定程度，自然就会比较自信。一方面，因为见过的世面够多，已经克服了面对众人的恐惧感；另一方面，由于社会地位或经济环境的提升，让人无形中增加了自信，但东方人能够充分掌握肢体语言的还真的不多。

　　其实仔细看，并非每个西方美女都有瓷娃娃般的大眼睛、高挺的鼻梁、白皙的皮肤……西方人的鼻子也是各式各样奇形怪状，不是每个人都有一个完美标准的希腊雕像鼻子，睫毛也不一定又长又翘，五官的比例也不一定无懈可击。就因为如此，他们宁可把宝押在自我特色上，如走路、坐姿、吃相、说话的表情……或许是他们在色彩、美学和仪态等方面从小就从生活中一点点地带入，养成了一种自然的反射习惯，让他们在展现自己时增添了不少吸引力。

悠然自得，才能展现与众不同之处

　　为了写作此书，我采访了不少法国朋友。无论男女，他们都一致同意，看异性时第一眼会看一个整体的轮廓，看一个人全身所散发出的韵味。我不止一次听到这句话："如何在一个特定的空间里轻松地找到自己的位置。"意思是如何在一个陌生的地方，在最短的时间内，悠然自得。

只有在彻底摆脱身体的束缚时，才能真正展现内在实力和与众不同的地方，这绝对是能引起别人注意的关键。如何在众人中脱颖而出，吸引到想吸引的人，其实并非完全取决于一张漂亮的脸。优雅的风姿和仪态，聪敏得体和幽默的谈吐，懂得聆听，懂得温暖关心别人，懂得诚恳而不逾矩的亲密，这些才是真正令人着迷的地方。

有一次，我去一位资深女主编家里做客，两个人谈得正起劲时，从走廊那头远远走近一个黑色的身影。中等身材，有点灰白的棕色头发，一条家常长裤搭配一件黑色套头高领毛衣，脚上一双舒适的休闲鞋，经女主编介绍后才知道他就是男主人。他不疾不徐地走过来，轻松自然地握着我的手礼貌地问好，亲切地问我需不需要加点茶，然后一只手插在口袋里，悠闲地站在那里和我们聊了几句。忽然间我发现，从他走进客厅，到他站定的短短几分钟内，他的每个动作都完全与他的外表、打扮、谈吐融为一体。一切都是那么平滑顺畅不突兀，包括他说话的声音都有一种星期天下午的安静自然，给人很舒服的感觉，没有打扰到我们，也没有惊动了整个空间，没有第一次见面的尴尬和不安。

我发现，他光是站在那个其实已挂满艺术品的空间里，就构成一幅图画。他绝不是帅如布拉德·皮特，但他在走路、举手投足和言语中，流露出一种安详优雅的迷人气度，散发出让人安心的温文和潇洒。我非常羡慕这种看似与生俱来的天分，但心中明白，这背后是靠着教养、个人学习和历练架构起来的。

有一次，我去参加一个画展的开幕酒会。到达时，画廊里已经有不少来宾，大家拿着香槟三三两两地交谈着。这时，进来了一位女士。她并没有刻意装扮，没有出色的五官，也不特别年轻，只穿了一件中袖灰色薄呢洋装，黑色皮带，一串珍珠项链，肩上随意披了一件灰蓝色毛衣，脚上是一双简单的灰色高跟鞋。她一进门先在门口停了一下，眼睛扫过全场，然后从桌上顺手拿了一杯香槟，从容不迫地走向她选定的目标。经过宾客时，她总是带着笑容，看着对方说一声："Bonsoir.（晚上好。）"她是那么淡定，好像踏着舞步似的滑过人群。她经过时，几乎每个人都不禁要看她一眼。她不像明星出场时那般声势浩大，也没有像模特走台步似的扭动身体，但走路时抬头挺胸步伐坚定，下半身轻微摆动，节奏适中，偶尔拉拉肩上的毛衣，体态动人。她身上散发出一种磁铁般的力量，让人们的眼光不得不停留在她身上，这就是魅力！

有一次，我在咖啡厅里坐着，一个女服务生来来去去地忙着，我的眼光情不自禁地被她吸引。她的长相可算端正，身材不错，系着一条围裙，步伐适中，快速但不慌不忙，每跨出一步都是自信的，干净利落不拖拖拉拉，下身跟着店里播放的音乐自然摆动，一头长发随动作摆荡着，形成一幅浑然天成的画面，看起来赏心悦目。我相信不只我一个人被她所吸引，她的肢体动作带着韵律，有一种轻快悠闲的跃动感。她来来去去，但你完全不会感觉被干扰，好像就在你身边跳舞似的。

走路可以透露出许多信息，如健康状况和当下的心理状态；走路节奏的快慢也可以视场合需要而拿捏。在正常的情况下，应当背部挺直，避免走碎步。因为碎步没有韵律感，也不容易展现体态的优势。

近年来，许多观光客在巴黎旅游遭抢的案子层出不穷。时常有人和我讨论这个问题，通常我会建议穿着尽量不要太显眼，也要避免太休闲、太运动的打扮，不要让人一下就嗅出度假的味道。另外需要注意的是走路的速度。巴黎人走路十分快速，尤其是在地铁里，给人行色匆匆的感觉；街上看到慢慢走的不是在遛狗，就是老人或游民。巴黎人即使逛街，也是看到某些橱窗会驻足停留几分钟，然后继续往前走，很少有人一路漫不经心地拖着脚步闲逛。如果你全身挂满观光客的行头，走路又闲闲散散，就等于在头上贴了一个"我是观光客"的标签，正是歹徒熟悉的最爱下手的目标。

学习与身体相处

东方人本来就对身体比较拘谨，不习惯从自然科学的角度来看待这件事，再加上传统文化中没有性教育的习惯，以至于把本应该是美的东西扭曲了。西方国家古典艺术作品很多都是以人体作为题材，裸体的雕像和画作到处皆是，因此他们比较容易用一种轻松自在的方式与自己的身体和平共处。也可以说，他们对裸露的身体见怪不怪，但基本上主要来自教育所养成的认知和观念。

最简单的例子，在国外，只要天气一热或在度假期间，女人可以自在地穿着细肩带的小可爱，即使胸口多露一点，也不用担心招来异样的眼光，大家早已司空见惯。天气热，这样穿本来就是正常的，男性不会因此觉得占到便宜。只要有点教养的男性更不会因此任意对女生评头论足，也不一定

会有其他的联想（这是一般的情形，当然也会有个别特殊的案例）。

　　拉丁美洲或热带国家（如非洲或某些岛国）的女性，对于身体的观念更加自然开放。去过巴西的人都见识过当地人（无论男女）非常乐于展现老天爷赋予的礼物，他们似乎保存着一种原始的单纯，一种遵从本性的自然态度。当地女性不但跳起舞来火力全开，极尽挑逗，平常在路上走着也是随时准备着要发现猎物的姿态。真的，即便身材不怎么样，她们仍然对自己信心十足，衣服穿得性感，走起路来摇曳生姿。在咖啡厅里如果看到喜欢的男人，她们会主动请服务生传递纸条，听说在当地这被称作"潜艇飞弹"！

　　我并不是要鼓励大家效法巴西女人，毕竟文化不同，社会环境也不同，但值得学习的是她们对自己的身体毫不质疑，使她们能理直气壮地面对外面的世界。唯有身体自在，才能从容表达内在的自我。

6 优雅，魅力的开始

一个人的"气场"是内在通过外在，散发出的摄人风采。这是超越长相和打扮的修炼，需要从小经过多方面训练、培养，才能取得一个整体的平均值。诚如香奈儿所说："奢华是钱的事，优雅则是教养的问题！"

女儿刚上高一不久，在学校交了一个新朋友。我在一次课外活动时见过那女孩，也请她来家里吃过饭。一头金色长发，长得秀气，有点害羞内向，和女儿一样话不多，爱看书，但听说功课很好，曾代表学校参加全国法文竞赛，这可是不得了的荣誉！有一天女儿放学回家，对我说："妈妈，这个星期六中午，她的妈妈请我和另一个同学去她家吃饭，你可以送我去吗？""好啊，没问题！"

　　我顺口就答应了，也没多想什么。时间到了，我就充当司机把女儿送到，傍晚接她回家的路上，随口问了问好不好玩。结果女儿说，每次这女孩只要认识新朋友，她的妈妈总要请大家去家里吃饭，与大家在餐桌上聊东聊西的。我心里一惊，原来女儿今天是去面试的，去面试"朋友"的职位！我脑子里忽然闪过一个念头，多年前我自己好像也有类似的经历。

吃饭能看出许多细节

　　我刚到法国就直接进入里昂大学读书，当时班上有个法国女孩人很好，不时借我笔记。下课聊天时，我才知道原来她来自里昂的丝织业世家。我知道里昂一向以产丝闻名，但其实不太了解他们的实力和地位。有一天，她邀请我周五中午去她家吃饭，我心想好啊！我之前也不是没去过朋友家吃饭，而且法国朋友也曾带我去吃过当时为数不多的米其林三星Bocus餐厅，好歹也算见过一点场面，那就去呗！

　　那天我轻轻松松按地址去了。她家位于里昂金头公园旁的高级住宅区，一进门要穿过挂满古董壁毯和画的走廊，到处是路易十四或路易十五时期的古董家具。最后我终于被带到餐厅，好大的房间里放着一张可以坐20多人的长桌，她的父母和兄弟连我不过6个人，仅占着桌子的1/3。桌子的另一头摆着一摞盘子，他们对我说传统天主教的习俗周五是禁食的，现代人的进化版就是吃得简单些。那天真是再简单不过了，我记得就是一盘沙拉、一小块水煮鱼、几个水煮马铃薯，还有一小块奶酪。但是每道菜要换盘子时，女主人就会拿起她的摇铃"叮叮当当"地叫女佣来换盘子，仿佛为了那几颗瘦小的马铃薯和干瘪的奶酪进行一个很荒谬的仪式。用餐时她妈妈不断问我一些问题，我的家庭，我的学业，我的嗜好，喜欢看什么书……我得边吃东西边回答，努力把食物吞下去，空出嘴巴来说话，脑子里还得在最短的时间内想出得体的回答，然后用我所知最正确的法文表达。同时还要提醒自己挺直背脊，手肘不能靠在桌上，食物要优雅地一口一口放进嘴里等。

是的！那顿饭就是一场面试，人家在掂我的斤两，他们在观察我的坐相、我的吃相和我的家教。他们不仅在看我吃东西，而且在看我肚子里有什么东西。他们在筛选孩子交往的朋友，虽然我只是他们家女儿的女同学，并不是男朋友，可是对他们而言，更精确地说，对某个阶层的人而言，观察一个人的言行举止，就是先从这些小地方开始。十多年后，我的女儿也在经历同样的事情。时代在变，但有些中心价值仍屹立不动。也就是说，如果你想在某个环境里生存，这些东西都是基本必备的条件。

我认识一位政界人士，他毕业于法国政治管理学院，这是专门培养政治领袖和技术官僚的摇篮，许多总统、总理和高官都得去里面转一圈。他在一次晚餐时叙述毕业考口试的过程，考官邀请他去餐馆吃饭，边吃边聊，好戏就在甜点。据他说，那位教授最喜欢的一道甜点叫"美丽的海伦"，其实就是整颗用香料水煮的去皮西洋梨，外面再淋上巧克力酱。你必须用刀叉先把滑溜溜的西洋梨切成小块，再放进嘴里，边专心讨论严肃的话题，边担心那颗梨子千万别一不小心滑到盘子外去。

这虽然有点整人，但也是考验从小累积的教养、临场的沉着冷静及经验带来的自在，即一种处变不惊的本事。

动静坐卧皆学问

仪态与肢体动作会影响对方如何看你，在人际沟通中扮演着一定的角色，在男女追逐的游戏中，更是重要的信号。它的第一个功能是把一个人的美整体化地表现出来，第二个功能是代替语言表达你内心所想。

观察一对刚约会不久的情侣，你会发现肢体语言时常比真正的对话更值得揣摩，从坐的姿势、微倾的头、拨头发的动作到抓痒的部位都是专家一再研究的隐语。我们用身体来表达否定或接受对方，也用它来暗示心中的意愿和两人关系的进度。如今的网络世界并没有减少它的重要性，反而是更快更直接，特朗普、奥巴马、英国王妃凯特的一举一动，全世界在瞬间即可看到并解读，我们能不重视吗？

据一项研究指出，男女初次见面时除了眼神以外，嘴巴是另一个吸引对方注意的重点。排除一些夸张且制式化的动作，电影中经常出现一些男女在吃东西时互相诱惑的经典画面，不可否认，缓缓拿起酒杯（或茶杯）送到唇边，张开双唇啜饮一口，不用说一句话，只靠眼神就可以让对方接收到信息。其实吃东西时不一定要刻意淑女般小口小口细嚼慢咽，有些男士说他们很喜欢看女人吃得津津有味的样子，好胃口是健康的象征，当然前提是吃相要好看。有时留在唇边的奶泡可以为肢体接触（对方帮你抹掉）提供机会。无论无心或有意，都是男女之间游戏的开始。

吃相当然不只对女生重要，男生千万不要以为吃得稀里呼噜就有男子汉气概。粗犷不是不能优雅，低俗和自以为是才是魅力的克星。

至于如何坐得优雅，也是一门学问。坐的姿势常常可以传达一些信息，这当然要看场合，也看你在那个时间地点的定位。如果去应征一个职位或拜访位高权重的人物，正襟危坐、小心翼翼、紧张焦虑、忐忑不安、拘谨矜持，表现出小心备战的概率自然偏高；而高高在上、气势逼人则通常是位高者会有的态度。但有些特别注重大众形象的大人物也懂得表现得落落大方、轻松自然、友善开放，他们要的就是所谓的亲和力。

按照西方礼仪，除非遇见长辈或德高望重的人物，初次见面寒暄时，女士可以原地坐着不用站起身，只要面带微笑伸出手来即可。我有一次去朋友家聚会，到的时候已经有些人坐在那儿聊天喝酒了，主人领着我们一一介绍，男士们照例起身寒暄。我对一位女士的印象特别深刻，也许是沙发的深度刚好，她挺直上身靠着椅背，双脚交叉跨着。看到我们时，她轻轻把杯子放在桌上，含笑握手寒暄。我刚好坐在她对面的位置，便开始聊了起来。此后她没有继续靠在椅背上，而是身体微微向前仔细倾听，腰背依然挺直，手中依然一杯香槟，偶尔换脚跨着，一切都非常自在、亲切。她并不漂亮，但有一种久已养成的优雅。她非常明显却又不着痕迹地释出善意，把你融入那个小团体。

我要强调的是在整个聊天过程中，她只是微微调整了坐姿，却充分表达了她的接纳。她用肢体语言给了我一个抽象的拥抱，照顾一位刚刚进入新场合的客人。假设她仍维持原有的姿态，一点也不调整，虽然不至于不友善，但也少了一点开放包容的意愿。

另外，女孩子一般从小就被教导要端庄，初到陌生地方椅子只能坐1/3，双脚要并拢，手放在膝上。这是标准动作，但有些时候实在不必那么拘谨。只要不深陷沙发，腰背挺直，也是可以找到一个双腿交叉的舒服姿势。但这时最好避免极短的迷你裙，再没有比在膝上放一个坐垫遮掩更荒谬的了，为什么要让一件衣服完全控制了你的行动呢？如果你全神贯注于担心会不会出错，那如何能好好地支配你的肢体呢？敢穿就要有面对风险的胆识，否则宁可穿自己能驾驭的衣服。

　　坐姿传达的信息真的太多了。我时常在设有沙发座的咖啡厅里，看到有些客人穿着短裤一屁股坐在沙发上，整个人往下滑坐至45°的斜躺状态，完全是坐商务舱的概念，头靠在椅背上，双腿叉开，脚上还穿着拖鞋，一不小心甚至会睡着。是啊！舒服就好，可是别人有义务忍受被他们破坏的环境和氛围吗？优雅的仪态不是只适用于五星级的高级场合，而是生活里随时随地要实行的基本态度。

　　我一直不同意"内在最重要"这样的说法，内在是架构，外在是它的延伸，但外在绝对不止于容颜外表，许多时候内心的丰富美好必须靠肢体的优雅来传达。如何了解它，接纳它，与它成为一体，这是每个人需要留给自己的功课！

优雅是教养的事

一个人的"气场"是内在通过外在，散发出的摄人风采。这是超越长相和打扮的修炼，需要从小经过多方面训练、培养，才能取得一个整体的平均值。现代科技发达，许多外表的缺陷和不足都能得以改善，但优雅的吃相和肢体语言，以及有深度的谈吐是要从小培养的。诚如香奈儿所说："奢华是钱的事，优雅则是教养的问题！"

许多展现优雅的细节都发生在用餐时，所以请不要小看用餐的礼节和规矩，餐桌真的可以作为具体行为培养的开端。其实在儿童两岁时就可以训练他们坐在餐桌上吃饭，时间不要太长，慢慢一点一点地习惯自己吃，吃完才可以下桌。训练他们在餐桌上吃饭，可以提早学会使用餐具，学会耐心等待，等待食物，等待发言的机会，学会把食物吃完才可以离开，也就是学习等待离开的时候。

待孩子年纪稍长后，有一件事一定不可以忽略，那就是坐姿。如果背脊挺直，手肘不靠在桌上，吃饭自然就不会趴在桌上。无论中餐还是西餐，若以美学的角度而言，把食物送进嘴里都比趴在餐盘上就着食物吃要来得好看。中餐也有一定的规矩要遵守，我记得从小就被大人教导要端起饭碗，不能弯腰扒饭，更不能一手撑在桌上，另一手夹菜吃东西。父母一定要在孩子小的时候花一点工夫和耐心坚持，过一段时间小孩自然而然就能养成习惯，不必随时刻意去调整，这是终生受用的礼物。

7　我就是要有风格

法国女人最讨厌和别人一模一样，没有风格代表没有自我，没有个性，更没有自信。风格是一种自信，想尽办法也要让大家看到一点个人的巧思。她们宁愿让别人侧目相看，也不要人家视而不见。

L是我在采访过程中非常欣赏的年轻女性。她算不上漂亮，脸型偏长，五官也不够细致，但气场强烈，令人一见难忘。她的身材高挑，一头自然卷的半短金发，白瓷般的皮肤，画了眼线，也刷了睫毛膏，但整张脸的重点是那正红色的嘴唇。她穿高领黑毛衣、黑长裤、短筒靴子，全身唯一的配件是大圈的金耳环。她拥有自己的工作室，专职拍摄各种题材的纪录片，除了寻找主题实地拍摄外，她还要负责搞定资金、制作人和经销渠道，既要追求理想，也要面对现实。

最近她为了筹拍一部有关情欲的纪录片，时常去看脱衣舞和情色秀，也访谈了许多不同领域的人士，每天忙进忙出，却依然神采飞扬，魅力十足。

"你是一个独一无二的个体，你有权选择，但你也要全权负责！"从两岁开始，L的妈妈就经常对她说这样的话。如今L年近30岁，动作利落，步调极快，说话率真坦白，没有任何禁忌。L是一个非常了解自己想要什么的女孩，但言谈中又时时透露出面对人生的诚实和谦虚。看得出来她在感情路上历经波折后回头反思了很多，不少事情仍在寻求解答，但至少无论面对事业或私人领域，她都是从正向、有建设性的思维出发，沉稳而淡定。

L偶尔会进教堂点一支蜡烛，自己默默坐一会儿，心中祈祷自己能够变得更好，更懂得体贴别人。她说了一句令我十分惊讶和感动的话："我再也不要伤害别人了！我曾经伤害过别人，也被伤害过，那真的不是一件好受的事。人生不值得这样，找对了人，好好互相对待，彼此尊重。在一起时好好经营属于两个人的生活，不求天长地久，也不奢求永不背叛的承诺。没有人可以誓言永远，只要相信自己当下的选择，面对人生轻盈地走下去。"

如此年轻的女人，却已经从生活中得到许多历练。不断自省，让她知道自己真正想要的是什么；心定下来了，就有一股来自内心深处的力量，外显出来的是一种了然于心的自信，像阳光一样照射他人，一点也没有咄咄逼人的强势。

L的自信当然源自从小母亲所灌输的思想，家庭教育肯定给了她很多潜移默化的价值观和文化底蕴。凭借着这些教养的基础，当日后经历人生起伏时，她仍能保有独立思考和判断的能力。这并不代表她没有走错路或失败过，但重要的是她能时时反观自我，在无数的肯定和否定中渐渐明白真正的自己，好的、坏的都要与它们和平共处。

这种心平气和的自信带给她自在，她的外在反映了她的内在，她很笃定地相信自己的选择，无论是穿衣打扮、拍片主题、选择伴侣，还是生活方式，她只是扮演自己，不接受来自父母、社会或异性族群指定的角色。自信让她不害怕，也不羡慕身边的女伴，很少因为自己的男朋友而嫉妒，她宁愿相信自己是无价之宝。

风格反映内心

我问L，若想要吸引人，应该避免犯什么错误。她想了几秒后回答："没有风格！"对法国女人而言，没有风格代表没有自我，没有个性，更没有自信。骄傲的她们每天脑子里转的就是如何和别人不一样。她们最讨厌和别人一模一样，可以追随流行，但一定要有自己的穿法，无论如何都要加一点特别的东西，如祖母的别针、妈妈的旧围巾或从跳蚤市场挖来的皮包，想尽办法也要让大家看到一点个人的巧思。她们宁愿让别人侧目相看，也不要人家视而不见。但并不表示非得奇装异服，打扮得像设计学校的学生或杂志上的模特。

蛋生鸡，还是鸡生蛋？先美丽才有自信，还是自信会让你变美丽？外表当然是自信的重要因素，但美丽的定义是主观而且多元的，所以女人首先要学习"自我感觉良好"。当然女性打理自己的外表不一定全然是为了异性，每天早上打扮得漂亮，会帮助你自信地走出去。无论穿什么衣服都要穿得理直气壮，因为那就是你的风格。对，风格！真正的风格来自日积月累的素养，而不是来自杂志的翻版复制。

要有风格，首先需要认识自己，确定自己要什么，那是内心世界的反映，它表达当下的心态。所以在人生的各种阶段，我们会呈现不同的风格，因为我们的生活方式、思维方式一直在变。但无论如何，只要认定了就要忠实、霸气地坚持，这就是自信。千万不要复制别人，因为那不是你，会让你不自在。如果不自在，再美丽的衣服穿在身上都不会有生命，你只是一个活动的衣架子。我们要时时记住："不是那身打扮令你出色，而是那些行头因你而有了价值。"

自信让人每天有出发的动力，有乐观愉悦的心情。因为有信心，所以不怕主动走向别人，释出善意的笑容，有温度地与人沟通。这真的很重要。我碰到过许多外貌平凡、身材完全不符合流行标准的女人，但她们要么聪明过人，机智灵巧；要么说话幽默，反应快；要么笑容常在，像阳光一样。她们魅力无敌，男女通吃，大家都会被她们身上的人格特质迷倒。她们的自信让人忽略了外表，因为她们自己先把它忘了，整个人轻松自在，举手投足如行云流水般自然，有一种没有精雕细琢、天然又真诚的优雅，与她们自身合为一体。听起来好像很简单，其实这是经由许多个人内涵经营出来的自信。

对自己满意，就会自在

　　诱惑是一种游戏，是一场说服对方，把对方引进自己世界的"战争"。但在说服别人之前，必须先说服自己。我曾经看过一本法国女作家的散文集，最后一章描述她写完后向许多出版社寄出书稿，好不容易等到一家大出版社约她见面。她既兴奋又紧张，几天前就开始考虑穿什么衣服——正

式的套装、裙子、洋装、时髦的、文青的、性感的……最后
她决定就像平常一样穿一条牛仔裤搭配一件衬衫，但是里面
穿了一套她瞒着老公以天价买回的名牌蕾丝胸罩和内裤。当
天早上，她站在镜子前满意地看着自己，享受着丝质内衣轻
抚着皮肤的触感，然后套上惯常的外衣赴约。那天的约谈她
从容自在，内心完全没有压力地面对那个打扮时尚、标准左
岸知识分子形象的出版人。没有人看见她那套价格昂贵的性
感内衣，也没有人看到她在镜子前的影像，重要的是她自己
知道。那套丝质内衣仿佛是她隐藏起来的战袍。不，是盔
甲！会面结束后，她喝了整整一瓶水，然后慢慢走出来，心
中无比轻松快乐。那天虽然只是初谈，并没有定案，但不久
后她的书出版了，几年后她成了多产的畅销书作家。

　　这不是一个有关内衣的故事，而是一个武装信心的例
子。只要你对自己满意就会感觉自在，然后才能轻而易举地
展现各种其他的优势。如果女作家当天刻意穿上一袭特别的
衣服，也许反倒会制造出一种紧张的氛围，让自己手足无

措，完全失去平常该有的水准。但她聪明地藏了一套自认有致命吸引力的内衣在心里，把自己的信心加满。那套内衣帮助她利用才华、言谈举止，甚至眼神吸引了对方。

在我的访谈中，无论男女都认为自信绝对是吸引力的重要因素，因为自信会呈现在走路的姿势、沟通的真诚度、看人的眼神和回答的语气等方方面面。自信也决定了你能否在诱惑的游戏中掌控游戏规则、策略、引导权，以及喊停或继续的能力。诱惑是一场人与人之间的沟通游戏，不一定要有特定的目的，也不一定要达成目的，只是享受那个过程而已。就像上文所述的女作家的故事，那只是一个公事的约谈，无关异性相吸，但在法国，只要是人际关系，总要加上吸引力，事情才会变得更有趣。

有风格、有自信的人为什么特别有吸引力？这是因为在潜意识里，我们会被自身缺乏的特质所吸引，而自信恰恰是很多人欠缺的。因此当我们碰到一个走到哪里都很自在，言谈举止怡然自得，对自己的信念坚定不移，乐观幽默的人，心中难免欣赏和佩服，想要亲近。无论男女关系还是职场人际，自信就像一块磁铁，可以把人吸引过来。从任何角度看，它似乎都是一种必备武器。当然我们必须说，有些人得天独厚，天生就具备这种迷人的特质，但我相信大部分人还是可以靠后天努力拥有的。

真正有自信的人不会轻易怀疑自己的价值和品位，他们不需要不断获得别人的认可，因此不会老是担心比不上人家，也没有迫切的优越感，对他人的态度自然谦和友善，不矫情，不做作。因为他们不需要从别人的眼光中证明什么，所以与人相处时不但不会造成压力，反而会尽力让别人轻松自在，这也是他们的魅力所在。

认识自己，决定自己要什么，然后义无反顾地往前走。明天就从不看橱窗中映照出的自己开始吧！

8 "资深熟女"的反攻

恋爱不是年轻人的专利，对感情的需求不会随着年龄的增长而消失。情爱面前，人人有权。P不是名人，也不是出色的美女，没有刻意冻龄，过的是省吃俭用的日子，没有充裕的条件保养容颜，但她在将近50岁时，仍能找到一个欣赏她、爱她的男人陪伴她度过下半生。

这是一个真实的故事，发生在法国，男女主角都是我的朋友。她83岁，而他刚满60岁，两人在一起30多年了，现在住在法国中南部，生活悠闲自在。

P原籍德国，年轻时来到法国念书，遇到适合的人就结婚了，生了两个小孩，一直随着先生因工作而被派驻各地。后来孩子大些了，她们才返回法国定居。小孩上学后，她也恢复了上班生活。其实，这段婚姻刚开始不久就出现了裂痕，两人几次为了孩子试图挽救婚姻，但终究没有成功，最后形同陌路，只能做室友和孩子的父母。她48岁那年，在公司里认识了S。刚开始，他只是午餐时间碰面聊得来的同事，后来慢慢成为好朋友。他足足比她小23岁，毕业于精英高等商业学校，出生于将军世家，文化底蕴深厚，喜欢文学、哲学和音乐，不但人长得非常体面，而且对人谦和有礼，从不轻易发脾气。他淡泊名利，注重精神生活更多于物质。

P身高174厘米，一双长腿令人羡慕，晚生几年一定是模特的人选；黑发，挺直的鼻梁，海水蓝的眼睛偶尔透出一点哀愁。她不是顶级美女，但气质温文尔雅，说话柔柔的，带着改不掉的德国腔。她是纳粹的后代，父亲死于战争，战后家里一无所有，再加上她没有傲人的学历，所以有一点点抹不去的自卑感。也许正因为如此，她总带着一股淡淡的哀愁。P喜欢园艺、唱歌和看书，是简单生活的践行者。

　　她的婚姻坚持到后期阶段非常痛苦，孩子们成年了，丈夫长年奔波于世界各地，常常只有她一个人寂寞地守着空旷且没有温暖的家。她50岁那年，在S和孩子们的鼓励下，终于决定离婚，勇敢地走上一条未知路。除了中间有一两年时间，两人短暂分开过，S一直都不离不弃地与她相守。2013年，他们决定结婚，一方面为了保护对方，另一方面也是给他们多年的情分与誓言一个承诺吧！

　　十几年前，他们省吃俭用买下一栋乡下的房子。83岁的P每天早上起床后跳进泳池来回游几趟，白天到花园种自己吃的蔬菜。两人都参加合唱团，每星期至少听一次音乐会。逢年过节儿孙会来小住，他们也会去巴黎探望孩子。物质生活很简单，精神生活不虞匮乏，倒像是神仙过日子。

相知相惜的默契

　　S年华已逝，头发白了，皱纹也不少，但身材依旧挺拔，讲话依然优雅自然。S至今仍觉得他的太太很美，30多年了，激情已过，但留下的是更珍贵的相知相惜和对生命的默契。

他把P的儿孙当成自己的孩子看待，对他而言，他们既是他的家人，也是朋友。30多年前，他还是一个不到30岁的年轻人，正是前途无量意气风发的时候，却爱上了一个已经有两个成年孩子的女人，这不能被多数人理解，但他就是深深地被P吸引。他深信自己的审美观，也确切地知道自己需要的伴侣绝对不是一般世俗客观条件所能满足的。按照东方人的说法，也许这就是所谓前世的缘分吧！

他说："其实很简单，我们每天就是过日子，各做各的事，不一定随时有话说，但是知道对方就在那里。那是一种很温暖的安全感，一个眼神就了然于心，是系住生命的一条线。也许因为她经历过许多风雨，比年轻女性多了一份安闲自得。和她相处没有压力，是一种很舒服且自由的状态，我要的就是这种平静，像小溪流水一样清澈自然的人生。"

"我认识P时，她正处于痛苦彷徨的境况，但她很有尊严地忍耐着经年的伤痛。我每天看着她那忧伤的身影，听她用低沉的声音娓娓道来。起初我的确给了她许多支持，但从某种层面上来说，她也用她的人生际遇教了我许多东西。例如，对于感情，她有不同的视野和容忍度。我们的友谊处于一个完全平等的关系中，没有谁付出比较多，也没有谁期待多一点，我想这是成熟女性的最大优势。她的体态和状况一直都维持得很好，我虽然比较年轻，但我非常佩服她每天坚持晨泳，去菜园翻土拔草，和我一起练唱，到处听音乐会，我真的不觉得她比我年纪大。我时常想，等我到了她这个年纪时，绝对没有她维持得那么好，真的！"

P拥有的并非大智慧，只是面对无常生命的一种谦虚，懂得珍惜自己心中美好的东西，不要求太多，不太在意外人的看法。因为人生已经够艰难了，不要再将它弄得更复杂。

P不是名人，也不是出色的美女，没有刻意冻龄，过的是省吃俭用的日子，没有充裕的条件保养容颜，但她在将近50岁时，仍能找到一个欣赏她、爱她的男人陪伴她度过下半生，这是多少女人一生可遇而不可求的。她靠的不是美色，更不是财力，最多只能算一点运气吧！她有幸遇见一个懂得不把年龄和外表视为绝对优先的男人，不得不说世间这种奇男子只占少数。

恋爱不是年轻人的专利

一般社会里，男性从年轻到老，都享有年龄、容貌、仪态、打扮及趣味等方面的豁免权。老（女）少（男）配即便在西方社会，比例也偏低（指10岁以上的差距，10岁以下是常有的事），在亚洲就更难了。

恋爱不是年轻人的专利，对感情的需求不会随着年龄的增长而消失。情爱面前，人人有权，这一点在西方的接受度比较高。在我访谈的法国男士中，几乎每个人都曾和比自己年长许多的异性交往过，有的甚至拥有不止一次经历。

B在十几岁时，每天坐在家门口，就为了等待一位三四十岁的女人经过。他喜欢看她金色的头发随着步伐摆荡着，喜欢听她踩着高跟鞋"嗒嗒嗒"的声音，喜欢她走过后留下的香水味，甚至她提菜篮子的模样都是性感的。在他眼中，她是全世界最漂亮的女人。他每天着迷似的傻傻地等待那个女人，对他而言那是一段美好又难忘的回忆。后来，他曾经和一位比自己年长12岁的女人生活了20年。

我访谈过的男士一致认为，所有男生一生中都应该有一次与比自己年长的女性交往的经历。他们说那是最好、最正确的情感和性爱教育，是她们教会这些懵懵懂懂的男生如何尊重女性，如何温柔地对待异性，如何耐心地等待。

A在年少时默默暗恋一位比他大十几岁的女性，两人并没有发展成恋情，分别后也没有再联络。几十年后，两人偶然相遇，他毫不在乎岁月留下的痕迹，她依然是他心中的女神。他说爱慕的感觉丝毫未变，容貌完全不是重点。他们有聊不完的话题，有在一起的喜悦，她虽然已不再年轻，但在他眼中仍是那个会让他怦然心动的迷人女子。

我不是鼓励所有男生去和年长的女性交往（母亲们请放

心），我只是觉得这个社会，尤其是男性，对"老"这件事非常歧视，整个大环境对容貌和外表过度重视。大家在无上限地追求完美，追求很单一、很制式的标准形象，以至于忽略了许多更珍贵、真实的东西，扭曲了很多价值观。

其实男人应该仔细想想，亚洲女性本来就拥有不显老的好基因，再加上现代的保养技术和风潮，同年龄的男女，男人比女人苍老得快。只要看看同学会就很明显，人到中年后，男人不是白发就是秃头，皮肤粗糙、松垮，皮带系在肚腩下，穿着随意（甚至邋遢），常戴一顶棒球帽。女人可就不同了，大部分都比男人的状况好很多，看起来比实际年龄年轻，穿搭也比较用心。所以女人真的不要因为传统观念而自我限制，每个人都应该努力表达属于自己的美，不要随便臣服于时尚却霸道的审美规则。人的价值，特别是女人，不应该缩减到只剩下颜值。几十年岁月的累积，不应只是赘肉、眼袋、皱纹、白发和腰酸背痛，岁月也很公平地带来丰富的人生体会与认知。生命中的快乐与受伤都是礼物，让我

们一概接受，永不放弃。不要放弃对人、事、物的敏感和关

怀，保持年轻，就是保持一颗勇往直前、一再尝试的心。

9　品位是培养出来的

　　优雅是不分性别的，无论男孩还是女孩。除了仪容之外，还关乎行为举止、言谈和礼貌等，这些都需要从小培养。老实说，若是把人的因素也列入市容质量的评估条件之一，男性真的需要努力一点，才能帮居住的城市提高分数。

男女的确不同，这点不仅女生早就知道，男生更清楚，即便自己不懂，父母也会不断提醒。女孩从小就被教导要秀外慧中，即外表要漂亮、淑女，内在要智慧、贤惠，举止要优雅、秀气，坐有坐相，吃有吃相，笑的时候要遮住嘴（西方女人不用）。但大家对于男孩的教养似乎不太一样，因此很多男生到成年后还是不清楚，其实男生和女生一样，需要费点心思，才能让自己对异性具有吸引力。

　　此外，女性还要面对一个大关卡——岁月的考验。世界给男性的课题好像少了这一题，男性似乎从小自动拿到了形象豁免权，只要书念得不错，拥有很好的职业，有钱或有权，那么长得丑一点、矮一点、胖一点或头发少一些也没关系。中年之后，皮带系在啤酒肚下，眼下挂着眼袋，衣服随便乱穿，言谈举止带着大男子主义的自以为是，这样的人身旁照样有年轻的女性相伴。或许是因为从小的教育和传统观念的原因，东方女性不知不觉中也认为这些是理所当然的，等到自己做妈妈后，仍然如此教育儿子。老实说，女性的条件真的越来越优秀，因此让我常有一朵鲜花插在牛粪上的感觉。若是把人的因素也列入市容质量的评估条件，那男性真的需要努力一点，才能帮居住的城市提高分数。

　　魅力这件事，对男人和女人都一样，除了仪容之外，还关乎行为举止、言谈和礼貌等元素，这些都需要从小培养。优雅是不分性别的，无论男孩还是女孩，父母都应该从小教导他（她）在社会上生存所需要的基本事情，包括礼仪、风度和维持干净整齐的外貌。其实男性只要在选定自己的心仪对象时，先反观自己是否已经努力达到对等的条件就好了。

我唯一的女儿已经进入职场，还未婚。有一次我问她，以后如果要小孩，比较喜欢男孩，还是女孩？她的答案是男孩。我惊讶地问她原因，她说："这样我可以教他许多事情，因为有绅士风度的男生越来越少了！"好特别的理由。她觉得教导如何读书及做人的道理，只是基本教育，但如何培养一位风度翩翩的绅士，却需要父母先有这个认知，然后从小一点一滴从各个层面悉心地灌输。

礼貌是核心

礼貌是优雅最核心的基本元素，懂得从内心尊重任何阶层的人，自然会显现出与众不同的高度。从小教导孩子遇见人时问好，是学习社会性的第一步。礼貌不是只适用于辈分、地位比我们高的人，对服务我们的人应该更客气，感谢他们代替我们做了许多事。有能力、有权力的人理应尊重和照顾比较弱势的人。既然男性在体力及许多社会角色上都占据优势，从小更要学会如何尊重女性。

如果我有儿子，我会教他看到长辈和女性时要起身打招呼，必要时应当让座，进电梯时让女士优先、进门时帮她开门（顺便替后面的人扶着门）、有重物要帮忙提。不过绝对不要替女生提包包！因为包包是女生的随身物品，也是穿搭配件，如果她嫌重，就不要带。女人的包包是女人提的！

如果我有儿子，我会教他吃饭要一口一口地吃，嘴巴里有东西时不要说话，更不能嚼得"咯吱咯吱"响；避免在饭桌上打饱嗝，要替女生先倒饮料，要让女生先点菜；如果不能亲自送她回家，也要送女生上车。以前女儿有同学来家里玩，她的父亲不但自己开车送同学回家，而且坚持一定要看女孩走进家门才会离去。他向女儿一再强调，这是男生的基本责任！虽说男性不一定要比女生强，但大自然的定律的确赋予了男性比较强壮的体格和力气，这也让男性有了表现风度和教养的机会。

干净是基本要求

注重外貌不只是女生的事。男生其实已经免去了许多保养和化妆的麻烦事（如果满脸痘痘，还是要想办法治疗），可以不保养，但起码要干净，这是所有女性都有权要求的基本条件。一到夏天，公共交通工具里的气味常弥漫着吓人的汗水味与体味，有时会让人闭气得快休克了。如果去运动或骑车，可以在背包里放一件替换的衣服和毛巾，不然就请勤用除臭喷剂。女生每天打扮得美美的，从头发到身体都是香的，男生至少不能一身汗臭味。如果真的有约会，自己要想办法安排时间洗个澡，不然就只好求助于不环保的化学用品了。

除了身体和头发以外，口臭也是很可怕的敌人，再帅的男人只要有体臭与口臭，除非身价百亿，否则这两样真的具有致命的杀伤力！其实这两样都不是无法解决的，只要你觉得这是很严重的问题。男人喜欢漂亮女人，女人也知道帅如金城武的男生很难找，但干净绝对是最基本的要求。

如果我有儿子（其实女儿也一样），我一定鼓励他多做

运动，至少要练成一个差不多的衣架子身材。我会告诉他，

不能因为天气热，就可以走到哪都穿短裤、T恤和人字拖。

扎克伯格也许是天才的脸书（Facebook，美国的社交网络服

务网站）创办人，但是穿着拖鞋到处走，并不是他值得学习

的地方。

　　我会告诉他，休闲服不等于运动服，休闲更不等于邋

遢；球鞋也不一定就是时尚，除非你很懂得搭配。我会告诉

他，其实纯棉或纯麻的长裤与衬衫也可以很凉快。我会告诉

他，人家花了很多心思和资源准备一场婚礼，来宾没有理由

穿着便服，轻易破坏别人一生最重要的场合。主人希望客人

尽兴，客人也要懂得助兴，如果不知道要如何穿搭，可以先

问一下主人的意见。Polo衫是休闲服，既然是休闲服就尽量

简单，不用再加上名牌的格子领口，也不用很大的Logo。

Polo衫和运动衫都是适合休闲度假的衣服，不适合参加晚

宴，它就像女生穿着3寸高跟鞋去郊游一样不适合。

　　还有，任何款式的帽子都是在室外戴的。即使是用于造

型的帽子，一进室内就要脱掉。现在流行棒球帽，时常会看到男士们在餐厅里吃饭都帽不离头。妈妈们请记得告诉儿子们，餐厅里是没有太阳的！

无论喜欢不喜欢，不可否认，西装是男人的安全牌。每个男人只要一穿上西装，自然就会变了一个人。为什么？第一，因为材质笔挺；第二，因为西装的剪裁。二者都有修饰身形的效果，即使底子再差，也会增添几分英挺的男人气概。就像女人只要穿上高跟鞋，自然会仪态万千，而男人一旦穿上西装，自然多了几分英气。穿着短裤、汗衫和拖鞋，心态会在无形中放松，所有的行为举止也随之懒散。不是不能穿，只是要看何时何地。我同意男人要有男子气概，但是豪气万千并不等于粗野鄙俗，温文有礼并不等于娘娘腔。男人两腿叉开或跷二郎腿、双臂靠着椅背坐，的确很有男人味，但是如果穿着短裤、无袖背心和拖鞋，这些动作的观感就不见得让人舒服了。为什么女性必须对自己的腿很有信心才敢穿短裤？为什么女性必须涂趾甲油才能穿凉鞋或拖鞋？

可是我们为什么常常被迫忍受看到男性护理状况不佳的脚趾，看到皱得乱七八糟的短裤下的"飞毛腿"，还要听他们口沫横飞地讲一些很无趣的话题呢？

学会用心看美的事与物

如果我有儿子，我希望尽可能地带他看更多的美好，认识不同的文化，探索各种课本以外的东西。我希望他不是一个话题仅局限于生意、股票或高尔夫球的男人，我要教他懂得用"心"去看美的事和物，我会尽我所能培养他形成独特、懂得挖掘宝藏的眼光。我希望他不会被世俗和潮流的标准绑架——与大家穿一样的衣服，剪一样的发型，喜欢同样模版复制出来的美女。我希望他有足够的信心不用靠物质或权力，就能看到别人未曾看到的，一个由里到外一致的"美"女。因为他从小懂得尊重女性，更懂得看重自己，所以他知道女性不是一尊漂亮的娃娃，更不是男人的奖杯！

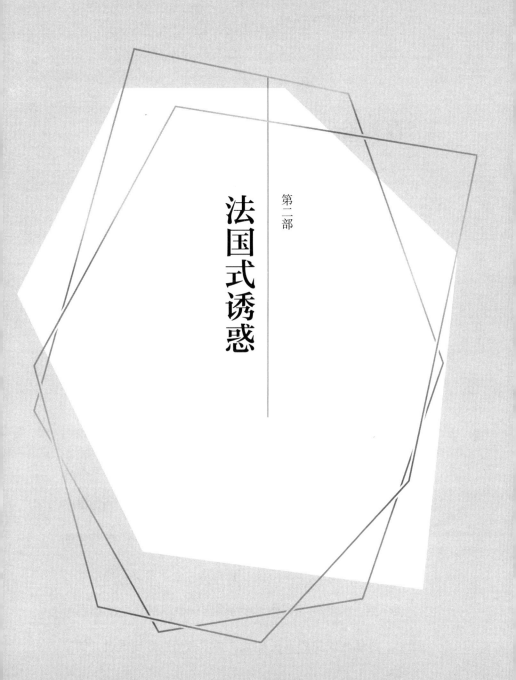

第二部

法国式诱惑

10 来自前总理的眼神诱惑

　　眼神的诱惑是一场隔空的交会，是一种精神上的挑逗。这几乎是法国人的全民运动，随时随地发生。一个热度十足的眼神可能是一种欣赏、一种邀约、一个问句、一种男性对自己和女性的测试，也可能是一张战帖。

　　中午12点半，这家老牌星级餐厅坐了大概七成满。她和几位朋友已经点了菜，正喝着香槟聊着天。老早就说要来这家吃饭，可是一直没约成，今天好不容易敲定了。因为是中午，所以不必穿得特别正式。入夏了，她穿了一件靛蓝色的洋装，剪裁款式有点像和服，前面两片上下交叉，随意地打了一个结，低低的深V领口隐约露出一截深桃红色的细肩带罩衫。她留着常见的半长发型，并没有特别地梳理过，偶尔拨一下飘落的发丝。他们低声地说说笑笑，等着上菜。

这时，三四位西装笔挺的中年男士走进来，大家本能地抬起头来看了一眼。她立刻认出其中一位身材特别高瘦挺拔、皮肤黝黑、留着一头灰白卷发的男士，正是曾经在某总统任内前后担任外交部部长和总理的政治名人。他出身名门，背景好，学问好，是典型法国教育和上层阶级培养出来的精英，全身上下散发出一种不可言喻的贵族气息。

这位前总理外形高大，文采风流，演说时擅长发挥浪漫情怀，用满腔澎湃的热情感染群众。2003年，他以法国外交部部长的身份在联合国发表了一场杰出的演说，清楚地表明了法国反对伊拉克战争的立场，让法国人感到骄傲不已。他身高191厘米，颇有明星的架势，不能说是美男子，但有一种文化涵养带来的优雅和气势。无论从任何标准来看，他确实都是一位风度翩翩的成熟男性。当然，他肯定很清楚自己拥有的魅力，他的权力和地位也赋予了他一份别人望尘莫及的自信。

　　他们一行人经过时，也许是公众人物的习惯，他很有礼貌地对她和她的同伴友善地微微一笑，但她下意识地发觉，他的眼神在她脸上稍稍停留了一下，然后才在隔壁桌坐下。

　　菜一道道上来，大家忙着品尝，各自发表意见，然后继续原来的话题。邻桌的精英男士们也很快地点了餐，低声地讨论事情，一看就知道是标准法国人的公事午餐，前总理当然是当天最重要的主角。他大部分时间都在专心听别人说话，偶尔偏过头和其中一位低声交谈，显然是在交代事情。虽说是邻桌，但他坐的位置却正好面对着她，距离三四米，彼此可以很清楚地看到对方的表情。起初她并没有特别留意，但不知为什么，好几次她抬起头来都正好看到他飘过来的眼神，但马上转过头去，嘴角隐约带着一丝微笑。他发出的信号是"我注意到你了！"那种眼神虽然短暂，却很专注，而且带着某种坚持，像一把火似的，让任何女人不由自主地觉得自己风华绝代。

　　几次以后，她突然下定决心，拿起酒杯漫不经心地喝了一口，眼神直直地望过去，刻意在他脸上停留了几秒。这次他并没有回避，眼里带着一抹微笑，坦然地迎接凝视的目光，然后两人各自继续和自己的同伴对话。没有人察觉到任何异样，只是她心中确认了一件事。那天下午一切变得特别轻快，来自有魅力异性的赞赏，就像香槟一样使人愉悦。

随时随地都在发生的无声游戏

　　那个眼神可能是一种欣赏、一种邀约、一个问句、一种男性对自己和女性的测试，也可能是一张战帖。

　　午餐已接近尾声，大家吃完甜点，喝着咖啡，正聊着下午的节目，邻桌的绅士们已起身准备离开了。他走在最前面，经过她们面前时，她清楚地听到前总理面带微笑地看着她说："再见，Madame！"然后潇洒地走了。

　　这是一场不带任何目的，也预期没有任何结果的诱惑游戏。这是法国人在所有社交和公共场所每天都有可能上演的戏码。与美国那种比较偏向清教徒的社会风气不同，法国人对这种无伤大雅的挑逗游戏乐此不疲，随时随地都可以进行，地铁、咖啡店、餐厅、朋友聚会，甚至职场都有可能。

所谓无伤大雅，自然是视情况而定，这种眼神的诱惑游戏如果发生在一场酒会或私人晚宴上，彼此单独谈话的机会大增，后续的发展空间就大了许多。

眼神的诱惑是一场隔空的交会，是一种精神上的挑逗，更像是雄性本能的攻略，也有可能是一连串后续动作的暖身而已。男性在执行诱惑这件事时，不太需要利用穿着或特别的肢体语言作为工具，因为女性通常会被男性的才华、幽默感、地位光环，甚至某种忧郁的特质所吸引。男性最先使用的武器是眼神，它能释放出很多信号，它是一种可以隔空传达的暗示性语言。眼神可以只是表达单纯的赞赏，也可能是一个问号、一种邀请或更进一步的挑战暗示。

这种眼神的诱惑，如果发生在一对一的近距离接触中，力度和效果就完全不同了。当你与一个初识或陌生的男士面对面喝咖啡时，他的眼睛随时盯着你的脸，那种一心一意的专注会让你觉得无处可逃。炙热的眼神仿佛在告诉你：在他的眼里全世界只有你。没有几个女人能招架得住这种诱惑，灼热似乎燃烧到你的心里，把整个人都困住了，无路可退时你只能迎面而战。然而眼神的诱惑不仅在于对方看你的眼神，也在于你被注视时的回应眼神。你的眼睛会告诉对方，你对于诱惑的反应，甚至对他而言，你的反应就是一种诱惑。

法国人的全民运动

这种诱惑的效应可能是暂时性的，也可能是有后续发展的。有时在某些场合因为当下的氛围，你可能会被迷惑，但仅止于当下的怦然心动，大家只是尽情享受诱惑对方或被诱惑的愉悦而已。要如何拿捏分寸，优雅、毫不下流地散发吸

引力，其实需要某种程度的教养和判断力。最高阶段的诱惑是不着痕迹的，专心倾听对方说话常常就是最好的开始。没有任何事比成为对方专注的焦点，更让人心动了。

这几乎是法国人的全民运动。的确，只要有机会，他们绝不会放弃任何练习的机会，久而久之就变成一种自然的行为态度。这不一定只是男女之间暧昧的调情，更像是人际相处时的最佳状况。每个人都有这种需求，这是对自己和对方的肯定，无论来自异性或同性。

这种精神上的诱惑有点像去美术馆闲逛时，忽然被一件艺术品所吸引。你会在它的面前多逗留一会儿，但心中知道不可能将这件艺术品占为己有。有时走在路上，不自觉地为橱窗中的商品停下脚步，默默欣赏、赞叹，但你不见得真的会推门进去把它买下。某种程度上，那是你和那件美妙事物的对话，你用眼神花几分钟来告诉它："你好美啊！"

吸引或被吸引是一种自然反应，它不一定有具体的目的，但对双方而言都是一种享受，两者同等重要，是人生中不可缺少的调味品，就像撒在鱼丸汤上的胡椒粉或牛排上的盐。吸引人，让你有信心；被吸引，让你的五感和大脑永远敞开着，人生随时有惊喜！

11 用"诚恳"来放电织网

一个眼神可以这么有表达力，这么具有说服力，这是不容易演出来的，它必须来自内心的欲望和热情，再加上某些执着和坚持，世上没有几个女人抵抗得了这种特殊待遇。

她用最快的速度收拾好桌上乱七八糟的东西，拿起皮包，冲进化妆间补了一点口红，再用手理了理头发。天气冷，今早还是穿了长裤，里面有袜裤，上身是一件紧身的黑外套，脚上一双平底鞋。这是她最平常的打扮，没时间了，她从来也没有补妆的习惯。平常如果有比较重要的约会，她至少会花点心思稍微打扮一下。但今晚只是和一个很久不见、不怎么熟的朋友聊天叙旧罢了。说穿了，没什么可期待的。

　　她匆忙下楼，希望这个时间能拦得到出租车，运气还算不错，不到5分钟她已经坐在车上了。下班时间车潮拥挤，车子走走停停，冬天的夜来得特别早。她望着车窗外来来往往的人潮和闪亮的车灯，这时才有时间想想今晚的约会。多少年没见了？12年，还是15年？记不清了。其实他们见面的次数大概不会超过10次，只有一次是单独吃饭，其他几次是朋友聚会时才碰面，中间各自有各自的生活。听说他结婚了，还有了小孩。几年都没有联络，前几天忽然接到他发来的电邮，约她一起晚餐。她十分意外，两人认识这么久了，这才是第二次单独吃饭，她倒是很好奇他现在变成什么样了。

　　虽然不是周末，餐厅里已经坐满了人，她远远看到他挥手，起身准备迎接她。两人打了招呼后，他绅士地先帮她安顿好，自己才坐下。服务生过来点了菜，还点了一瓶酒，她这才开始仔细打量他，相信他也在做同一件事。他比以前胖了，像发酵的面包，两鬓也开始斑白了，但依稀仍找得到原有的轮廓。其实她并不清晰地记得他年轻时的样子，但确信中年的成熟更适合他。都说男人经得起衰老，不是吗？不知他如何看自己？自己跨过的槛更多，虽然刚才大家都很有礼貌地说对方没有变……

　　她看着坐在对面的他，眼睛大得有点凸，下垂的眼袋旁是几道经历岁月风霜刻画的明显皱纹，嘴角也被地心引力向下拉，鼻子挺拔但太长了，下巴的线条倒是坚毅且有个性，头发还十分茂盛。老实说，他只是相貌平平而已，记得他刚刚站起来时，感觉身材也不是特别高，从审美的角度来看，只能算是中等。他穿着一件普通的白衬衫，黑西装裤，看得出来，他一直在小心地保持着身材，没有大肚腩（整个晚上只吃了一盘沙拉，好了，里面有几块肉）。他吃东西大口而干脆，她一向不喜欢细嚼慢咽的男人。她发现他手上没有戴戒指，但并没有特别追问，很多男人不喜欢戴，反正也不关她的事。

　　她开始问起分别后的种种，问起他的家人，问这几年的变化，问他现在做什么……他开始陆续一件件娓娓道来。一盘沙拉从头吃到尾，酒倒是没停过。她边吃边仔细倾听，偶尔插上几句，但多数时间是他在说，说话时眼神专注。他有一对蓝绿色的眼睛，从头到尾视线从未离开过她的脸，声音十分低沉好听，口齿不是很清晰，速度很快，有种要说服对方的急迫感。眼神里有种发烧似的炙热和混浊，里面有问号，有期待，有执着。她有种被人看到灵魂深处、被吞噬的感觉，几次尝试着勇敢地迎接他的眼神，最终只能垂下眼帘，逃开了。两人中间只隔了一张小桌子的距离，她好像从来没有这么近距离被一个非亲密关系的人注视了将近两小时。他们没有任何肢体接触，连手都没有碰到，但她觉得从未如此靠近他。

她一直在倾听他这几年的经历和变化，他经营的事业、家庭、小孩、婚姻状况及目前的心情。她有时也发表自己的想法，提出某些意见，慢慢地话题越来越多。相识这么久了，好像今晚才真正仔细地看这张脸，也开始对这个人有所了解。短短一个晚上，他很诚实、赤裸裸地把他的过去浓缩地摊在她面前，认真说来是交浅言深，但不知为什么，他的诚恳和坦荡的信任拉近了他们之间的距离。也就一顿饭的时间，彼此好像变成无所不谈的知心朋友。

　　用餐的客人已经走得差不多了，只剩下一两桌喝酒的。他似乎没有要离开的意思，问她是否急着回家？她看了看表，说没关系，反正难得一见，下次再见也不知何时了。于是两人继续喝酒，天南地北聊开了。这时他似乎没有之前那么沉重了，不时露出笑容，笑的时候两颗尖尖的牙齿有点像虎牙。聊着聊着，自然就讲起从前的一些大小事。时光倒流了，气氛更自在，两人不断举杯互曝自己的糗事。他的眼神仍然灼热专注，只是多了一些温柔，偶尔带点促狭，也多了几分热切和渴求。有几次她分神转头看别的地方，回过头时发现他的眼睛仍旧盯在她身上。她有点不知所措，忽然之间发现一整晚，他的眼神铺天盖地地撒下来，像一张无形的网。现在这张网正一点点收紧，她感觉似乎无处可逃了。

时间不早了，酒也差不多喝完了，他忽然收起笑容，眼睛看着杯底，沉思了一会儿，抬起头望着她慢慢地说："你知道吗？那年我们单独晚餐时，我犹豫了一个晚上，最后还是不敢向你告白。我到现在仍然后悔，这么多年了，我偶尔还会想起，今晚我不想再错过了，你还想喝一杯吗？"

渔夫终于收网了

诱惑这件事有时来得出其不意，在你最没有防御心的时候，有可能就掉进猎人的陷阱了。现在流行"电眼"一词，其实是否拥有一双漂亮的眼睛并不能保证会"放电"，重点是你能否用眼神传达你的信任、诚恳、渴望、执着及热切。其实故事中的男主角并没有用什么花言巧语来诱惑对方，他整个晚上只是在叙述过去发生的事情，但他全心全意、用心地把所有注意力完全放在坐在他对面的女人身上。他那双蓝绿色的眼睛就像大海一样，活生生地把她给吞没了。

一个眼神可以这么有表达力，这么具有说服力，这是不容易演出来的，它必须来自内心的欲望和热情，再加上某些执着和坚持，世上没有几个女人可以抵抗得了这种特殊待遇。许多情场老手或许常常利用这种手段，但是如果缺少"诚恳"这个元素，只会让人觉得这是你对任何人都使用的惯用伎俩，反而令人心生戒备。没有比被人看穿心机和手段更狼狈的了。

　　当然，女人也可以采用同样的方法。但女人通常在诱惑的战场上处于"被动"的立场，所以在表达方式上可能需要更细腻含蓄，不能像男人一样理直气壮地攻城略地，大张旗鼓。我们留待另一篇来讨论吧！

12 内衣阴谋论

真正的诱惑应该是经由暗示传达信息，挑逗也要经过层层包装。领口间若隐若现的蕾丝内衣，远比一身透明罩衫下的胸罩更引人遐思，想象其实是最具有诱惑力的。

据统计，法国女人每年在内衣上的花费是全球之冠。真的，走在巴黎街道上，到处可以见到内衣专卖店；百货公司的内衣专柜通常也占了很大的面积。法国女人不但在意外表的穿着打扮，对内衣更不会掉以轻心。她们善待自己，选择美丽的内衣，不仅每天照镜子时自己看了开心，必要时它也是展现魅力的元素。当然这代表了法国男人对这方面是敏感的，所以无论是处于婚姻状态、有伴侣，还是单身女性，她们好像随时都有一种备战的危机意识——里外都要漂漂亮亮的，随时可以上战场。这是一种生活哲学，一种选择，一种面对人生的态度。

在巴黎蒙马特山脚下著名的大街上，也就是红磨坊夜总会所在的红灯区，整条街都属于色情行业，其中也有几家情趣用品店和内衣店。这些店里出售的内衣摆明了是要引起生理反应的功能性商品，不仅色彩缤纷，构造复杂（到处都是洞），而且材质不是薄纱就是皮革或金属，看的人眼花缭乱，用的人应该"性"趣盎然。那是一种开门见山的挑逗，极具技术性，不拐弯抹角，追求专业和效率。它们带来的纯粹是感官性的刺激，完全不带修饰的诱惑，目的明确，只论结果不看过程，没有猜测、期待、暧昧、焦虑，更没有无法预测的神秘感。少了互相追逐的乐趣，诱惑的果实自然也就变味了。

真正的诱惑应该是经由暗示传达信息，挑逗也要经过层层包装。领口间若隐若现的蕾丝内衣，远比一身透明罩衫下的胸罩更引人遐思，想象其实是最具有诱惑力的。法国人花很多精力和巧思在内衣的设计和挑选上，代表他们真的非常看重诱惑这件事。法国的内衣市场为什么如此活泼、有创意？就是因为法国女人在意。法国女人为什么重视内衣？那是因为法国男人喜欢。那男人到底在意什么呢？在精致内衣的花边、蕾丝和透明薄纱背后，代表的是特权，内衣是一个女人专门为你特别挑选，而且只穿给你看的衣服。重要的是那颗猎人的心，取悦、诱惑某个人所付出的努力！

以下是一位男士对我讲述的真实故事。

挂断电话，他习惯性再瞄一眼电邮，果然又有纽约的客户传来一封有关并购案的电邮。他叹了一口气，还是顺手回复了。7点了，再不回去真的要迟到了。晚上的聚会很早就约好了，都是商学院的老同学，现在各自事业有成，个个都是科技行业的翘楚。大家约好携伴去一家当红的餐厅叙叙旧，顺便交换一些商场上的消息。

一进门，他就听到从浴室里传来的声音："啊！你总算回来了，赶快洗个澡，换衣服吧！我们要迟到了！"他慢慢地脱衣服，看到床上放着一件黑色的洋装，还有丝袜，地上一双红底高跟鞋。她身上裹着白浴巾从浴室里出来，头发滴着水珠，一双修长均匀的腿似乎还冒着热气。他照例上前亲了亲她，手习惯性地在她臀部轻轻按了一下，转身进了浴室，打开莲蓬头，水顺着头往下冲。门没有关，他从淋浴间可以看到浴巾摊在地上，她慢条斯理地把蕾丝边的丁字裤一点点地往上拉，浑圆的臀部像小山丘顺着腰线延伸到大腿。多么难以抗拒的曲线！合身的洋装下要么不穿，要么就只有这种夹在股沟内的内衣。然后她拿起透明的黑色胸罩，两手穿过肩带再扣上挂钩。她的胸部不大，因此也没有年纪一到就下垂的烦恼，反而有一种少女的清新感。在她的成熟外表对比下，有一种特别的惊喜。他几乎可以感觉到双手握着她乳房的柔软和温度，有种少年初次的激动，也许这也是她吸引他的原因之一吧！

　　她已经四五十岁了，但身材依然苗条，脸上虽然有岁月的痕迹，却也有一种淡定成熟的风韵，做什么事都好像再自然不过了。她正仔细地把丝袜慢慢卷上来，然后站起身来拉了张椅子，一只脚踏在椅子上，弯下腰开始在袜子的上方像穿鞋带一样穿来穿去，最后打个蝴蝶结。弄好了一只，再换另一只。然后，她走到床前拿起黑色洋装，扭动身体穿上，拉好拉链。对着镜子戴上一对若隐若现的耳坠，双手随意地整理垂肩的头发，再喷上带琥珀和铃兰味的香水，很适合晚上的味道。她转过身来对他嫣然一笑，问道："还可以吗？"他突然有种取消晚餐的冲动……

晚上一共三对男女，大家边吃边谈论刚结束的总统大选。闲聊总统的"老"太太（指布丽吉特·马克龙），谈论某同学为了小三离婚而耗尽大半家产，谈未来的经济情况……他坐在她斜对面，眼睛不时扫过她的脸，看她时而认真地讨论，时而抬起头来开心地笑着，耳坠在发间晃荡着，眼神有意无意地飘向他。有几秒钟他突然恍惚了，脑中不停闪过她穿着内衣，一脚踏在椅子上整理丝袜的画面。他想着她娇小浑圆的胸部，想着她结实修长的大腿，想着那陷在股沟间的细带（那套内衣好像从没见过），想着她平领洋装里虽然不再年轻，却仍然迷人的躯体……感觉欲望像虫一样缓缓往下爬。他越来越觉得这顿晚餐没完没了，旁边的人说了些什么他根本没有在听。他越来越不耐烦，很想马上站起来，拉着她坐上出租车。

终于大家互道晚安。一上车，他再也忍不住把手伸向她的大腿，沿着大腿一直往上抚摸……一进门，他便迫不及待去除两人之间的阻碍，疯狂的，好像再也没有明天似的和她缠绵，一次又一次，直到两人都筋疲力尽。

第二天，他离开她，再也没有回来。

结局并不重要，无论为了什么理由，男主角其实已经下定决心要和她分手了，却在最后一晚，仍然无法抵抗她的诱惑，只能说她的确花了一番心思，巧妙地把内衣艺术执行到最高境界。老实说，我相信男人最后根本不记得那件内衣长什么样子，重要的是她利用内衣和丝袜作为前奏，完全挑起男人整晚的遐想和欲望，这可以说是技艺高超的暖身运动

啊！实在比起我们一般想象中的点上蜡烛，穿着薄纱内衣在家坐等的手段更细腻，也更有心机！

男人和女人一起挑选的特别礼物

值得一提的是，亚洲的内衣店里通常只有女性在逛，可是在法国却经常看到男女一同讨论、选择，这说明东西方两种文化存在差异。法国人看待内衣，不仅是女性的贴身衣物，也是关乎男女亲密关系的一个重要媒介——它只在两人独处的私密时空展现。两性之间的情趣不应只由一方主动操控，女人愿意费心为某人挑选一件性感内衣，这表示她对他是有心的！这是男人可以接收到的明显信息，他们通常很高兴女性愿意花心思来吸引他们，自己也乐于参与其中。法国人认为这是情趣之一，既然是喜欢的女性专程为他而穿，何不两人一起挑选一件符合二人品位或偏好的款式？否则搞不好适得其反，白费一番心思。法国男性也会精心挑选内衣作为礼物，它代表两人之间的契合，是感情的润滑剂，是两人的私密语言，是默契，是愿意为对方做一些特别的事的心意。

　　由于东西方人的体型不一样，法国女性的内衣很少有厚垫设计。当然并不是每个法国女人都丰满有料，但她们似乎比较能接受自然，也比较倾向自然的触感。东方女性的内衣比较注重矫正、塑身效果，但如果以男女亲密接触的角度来看，摸到一堆厚厚的垫子，的确少了很多真实感。毕竟，最终肌肤之亲才是真实的。简单来说，东方人的内衣似乎比较讲究外用，而西方人讲究的是内外兼具。胸部大小并不是诱惑力的关键，内衣本身也不是决定诱惑力的主因。穿的人、穿的心境，还有看的人才是重点。陈列在架上的内衣其实无法产生任何诱惑力，只有在对的时间，穿在对的人身上，才会产生应有的爆发力。一件简单的棉质内衣也可以营造出特有的风情，"内衣诱惑"是许多因素的结合，过于制式呆板的做法只能流于庸俗，并不能达到情趣的目的。

13 煎一个奥姆蕾蛋也可以很性感

　　煎一个奥姆蕾蛋是件稀松平常的事，但是在一场爱恋后，从凌乱的床上爬起来，穿着内衣，挖空心思填饱你的肚子，那是一种付出，一种家常的自然平实。男人在感受到被疼惜和关爱的同时，也满足了雄性天生的占有欲。

　　一个月前，两人在异地偶然重逢。那一夜短暂但浓情蜜意，充满了意外的喜悦和无限的温柔。他们相处时很舒服，很自然，有种相识多年的亲密；分开时都有意犹未尽的缠绵，觉得不应该就这样结束。因为双方都是自由之身，她很自然地与他相约，趁他出差时再叙。出差那几天，他尽量把工作集中，特别腾出许多时间陪她。白天牵手闲逛，游走于城市之中，看看展览。他偶尔也陪她逛街，耐心地帮她选鞋，认真地给意见，还偷拍了照片——他说她的脚特别性感。他甚至提议一起去选内衣，但最终她还是矜持地拒绝了。走在路上，他们的确像一对情侣，但其实互相仍在探索猜测，衡量要付出多少，会收获多少。既有喜悦也有焦虑，既有期待也有不安，爱情的追逐游戏开始了。

晚上他们通常会找一些特别的店，尝鲜喝一杯，天南地北地闲聊。几天之后，他们开始互相熟悉对方的身体和想法。两人无话不谈，谈过去，谈兴趣，讨论彼此的事业，慢慢变成好朋友和亲密的情侣。

外面下着雨，连续几天他们窝在她的小公寓里，聊天，听音乐，缠绵。闲聊时，他常常会把玩着她的脚；她也会拿起他不算修长却整洁的手，一根手指一根手指地细看，最后贴在自己的唇上轻轻地吻着。因为他的一个玩笑，她开心地大笑起来，他顺势把头埋进她的颈窝里，嗅着发丝间残留的香味。有时，她就躺在他的身旁，静静地抚摸他的头发和耳朵，然后用手指温柔地从额头，顺着鼻子、下巴，滑过带胡茬的脸颊，仿佛要用手来记住这张脸。早上他总是醒得早，常常用一只手臂斜撑起身体，默默地看着仍趴着熟睡的她，偶尔拨开几缕发丝，抚摸着她颈背上的痣。她翻过身来，睡眼惺忪地将他拥入怀里。有时，躺在沙发上看书的她，偶尔抬起头来看着对面的他专注地在计算机前工作，四周悄然无声，有一种安详平静的家常感。她心中突然有种就这样生活下去的奇想，只是奇想。

晚上，躺在他结实的怀里入睡，她知道这一切将会化作幻影消失，但她告诉自己："好好接受这份上天给予的礼物吧！"

有天晚上，他们在床上缠绵了好一阵子，突然两个人都觉得肚子饿了，可是仍然舍不得分开。外面又下着大雨，实在懒得起床穿衣服，去餐厅还要浪费时间。她想了想，说："我冰箱里好像只有鸡蛋，我来想办法煎个蛋好不好？"说完就埋头在凌乱的床单中寻找内衣，穿上拖鞋，起身往厨房走。

　　打开冰箱，果然只有几个鸡蛋，没有肉，也没有蔬菜，还好有半个洋葱，半个西红柿。她踮起脚尖，翻箱倒柜、上上下下地寻找香草调味，最后终于端上那盘很普通的奥姆蕾蛋①。两个人坐在桌前，你一口我一口津津有味地吃得干干净净，还好有一瓶酒！吃完后，他只是很有礼貌地说了声"谢谢"，而她仍然一身内衣，脚上一双飞机上发的简易拖鞋，便站在水槽前洗碗盘和煎锅，然后为彼此冲了杯咖啡。他们各坐沙发的一端，她顺势把腿跨在他的膝上。他一手拿着咖啡，一手轻轻地抚摸着她的腿，两人静静地喝着杯中的咖啡，眼神里溢满了甜蜜。

　　要分开的那天早上，两人默默相拥了许久，没有多余的话，但是明白各自心里多了一个人。两部出租车，带着他们回归各自的世界。

　　隔了几天，手机"叮当"响了一声。她拿起手机一看，

────────────

① 一种蛋包饭，先将米饭炒好，再以煎蛋包覆。

几乎惊呆了，一张素颜的她只穿着内衣和拖鞋，正在煎奥姆蕾蛋的照片下写着："这是我吃过最好吃的奥姆蕾蛋，因为你不仅填饱了我的胃，也让我充满拥有你的幸福。那也许不是你最漂亮的时刻，但那一刻的你，在我眼中无与伦比的迷人！谢谢，想你！"

一段情缘由此开始，维持了多久我不知道，但他们的确拥有一段甜蜜的时光，各自锁在自己的保险箱里。

男女之间，诱惑通常决定于初见的当下。像动物一样，在一群人当中，你可以敏锐地嗅出哪一个是你的目标。每个人都是猎人，同时也是猎物。这是一场竞争，一种征服的较劲。于是你要披上最亮丽的战袍，满足他（她）的视觉；洒上最诱人的香水，满足他（她）的嗅觉；用丝绒般的声音，满足他（她）的听觉；用最得体、最智慧的言语，满足他（她）的大脑。但这只是序曲，没有明天的探险通常止于序曲，可以日复一日不断地重复这种游戏。但大多数人最终寻找的仍是互相的关爱，享受付出和获得的欢悦。所以序曲之后要如何维持吸引力，才是重头戏的开始。如果说前段需要的是耀眼、出众、立即有效的有型外表和行为，后续的维持就需要更多的元素组合了。

故事中的男女在初见时已经互相吸引，而且确定了再相见的意愿，接下来他们经营的是一段爱恋的关系。爱，是给出自己的一部分；恋，其实是把一颗心系在某处。

重要的是如何让对方知道你在意她（他），你疼惜她（他），你喜欢她（他）为你所做的一切，也喜欢为他（她）做一切。聊天和谈心是互相探索着进入对方的心灵世界，亲吻与缠绵是激情，拥抱和抚摸是传达关爱。在所有的恋爱关系中，最沉醉的其实是互属的满足，这应该是动物的本能吧？猎物到手之后就是占有，因此所有能代表专属性的一举一动，都是绑住对方，也是心甘情愿被绑住的一条锁链。

内衣是女性贴身的东西，除了自己，只有最亲密的人才能看到，是进入二人世界的特权标志。一件挂在架上的内衣是没有灵魂的，可是一个女人愿意为你穿上费尽心思挑选的内衣，就是在宣示她属于你，相对应的你也是她专有的了。

　　煎一个奥姆蕾蛋是件稀松平常的事，但是在一场爱恋后，从凌乱如战场的床上爬起来，穿着内衣，挖空心思填饱你的肚子，那是一种付出，一种家常的自然平实，一份安定感，一种许诺。男人在感受到被疼惜和关爱的同时，也满足了雄性天生的占有欲。

　　都说要拴住一个男人，先要拴住他的胃。无论饭菜好不好吃，男人从小是被母亲喂饱的，这是一种与亲密关系直接相连的行为，也是一种可以带来安定的力量。对于结了婚的夫妻来说，这是理所当然的，不见得有什么特别的情趣可言；但对于正在爱情路上的男女来说，这好像可以纳入吸引力的战略手册中。

14 今天穿什么好呢

上宽下窄、上短下长（或相反）是不容易失败的搭配比例。但驾驭从头到尾紧身的衣服，需要拿捏得恰到好处，并非人人都能掌控。能够性感、大胆，又不流于低俗或被贴上某种标签，的确需要许多衣服以外的东西在背后支撑。

全世界公认法国女人懂得打扮。在巴黎街头随便一站，不见得入眼的女人个个漂亮，但是穿得好看且有型的确实不少。在咖啡厅里坐下来，打量一下四周，也很容易发现几个迷人的女人。

懂得打扮，其实就是知道选择最适合自己的衣饰，懂得把自己的优势放至无限大，甚至能够让缺点变成独一无二的特点，转败为胜。这当然要具备基本的审美观念，也需要很多的坚持，最困难的是要对自己有信心，能忍得住不受流行和别人的影响。这并不简单，需要运用其他方面的素养和经过时间、经验累积而成的底蕴作为基础。

大家千万不要以为法国女人的穿衣原则很简单，在看似简约有形的装扮下，她们其实加入了很多心思。

衣服是表达自己的方式

基本上，法国女人从小受到的教育让她们养成了自主性的独立思考，所以她们非常了解自己适合什么，也绝不轻视疏忽女性吸引异性的本能。当然，她们也会针对男性的喜好做一些调整，但一般她们会依照自己的个性和喜好，穿得既适合自己，又有个人风格。她们驾驭衣服，而不做衣服的架子；她们将衣服变成自己的一部分，而不是在展示衣服。也许衣服增加了人的价值，但无论那件衣服的标价是多少，它只是一个物件，人才是重点，你不会因为一件衣服而身价倍增，是你让衣服耀眼出色！

随着心情的变化，你可能每天有不同的表达方式，但最重要的是要和内在相符，才能很自在地与衣服融为一体，肢体语言也才能配合得恰到好处。因为你是在做自己，而不是为了那套衣服在扮演一个角色。衣服应该是你的一部分，它是你的延伸，是你内心世界的代言之一。这就是为什么同一件衣服穿在不同的人身上，会有不同的效果。

法国女人通过穿搭来表达自我，她们将它视为一种沟通工具。从一个人的穿搭上，我们可以获得一些基本信息，如出身、爱好、生活方式、教育程度、职业和当下的情绪等。所以可以想象在诱惑的游戏里，穿搭占据了一个重要的位置，女人怎么可以把这么重要的事情全权交给服装设计师和时尚杂志呢？至少也要有一半的自主权吧！尤其是他们怎么知道我们每天要做什么事，见什么人，采用什么策略呢？

法国女人在穿搭上特别注意避免出现刻意打扮的痕迹，流行时尚的东西绝不会照单全收，而是抓住几项趋势，重点运用，但永远要搭配几样旧的东西，而且要看起来很随性。

从头到脚都是当前最流行的行头，那是模特的专利，而不是一个迷人的、有个性的女人应有的装扮。模特或漂亮的公众人物虽然是某些男士趋之若鹜的、可以炫耀的"奖杯"，但其实大部分男人会觉她们太过完美、遥不可及且不真实，看看就好。真正的人生还是要带着迷人的缺陷！所以，我们要学习坦然地和缺陷相处，把它视为理所当然的一部分，甚至变成与众不同的优势。

法国男人这样看女人

打扮当然主要是为了让自己开心愉悦，但想要吸引别人，也是人的天性，所以法国女人还是会把几项吸引异性的搭配重点列入考虑范围。因此，我特别访谈了一些法国男士，除了利用当时的情况作为实例，还拿了许多杂志图片做参考，试图了解什么是他们喜欢或不喜欢的，尝试着进入男性的思维，了解他们是用怎样的眼光来看异性。

基本上有几个原则几乎是不变的：裙子和长裤之间，不可否认，男人会比较偏向裙子；长裙和短裙之间，可想而知，答案自然是短裙；同样两条裙子，开衩和不开衩，自然选择开衩，尤其是如果你有一双美腿的话。男性并非一概不接受长裤，有许多人，尤其是年轻男性其实很喜欢牛仔裤。在某些轻松的场合，一件简单的T恤，脚上穿一双好看的球鞋，剪裁合身的牛仔裤其实可以彰显自然清新的一面。也可以一条合身长裤，搭配一双高跟鞋，马上会增加几分性感。说来说去，重点是要能表现女性的线条，因此女人要考虑的就是如何在道德传统和性感诱惑之间来去自如。

不过同类型的衣服有时只要调整穿法或材质，就会收获男士们下意识的好感。虽然我不是专业设计师，也不是造型师，不想、也没有资格教大家如何穿着，但我根据一项小小的调查和累积观察所得，还是可以提供几个重点给大家参考。例如，比较两套非常类似的搭配：白色上衣和长度到小腿肚的白色长裙。第一套搭配为上下都比较宽松的款式，测验结果被淘汰；第二套搭配裙子比较合身，但上衣换了一件麻料材质，略透明，无领，领口解开几颗纽扣，结果全票通过。

另一个例子是合身的黑色西装裤，上身搭配一件普通的黑毛衣。这是很平常的穿搭，但是若配上一双红色的高跟鞋，也可以毛衣的领口稍微露一点锁骨或香肩，男士们的眼睛就会忽然亮起来，通通点赞。

一件款式简单的夏季棉质过膝洋装，男士们的眼神会迅速略过，但如果裙子前面有开衩，可以让美腿偶尔露出来，这也是由叉叉变勾勾的关键之一。

紧身的衣服一定性感吗

的确，合身或紧身的衣服比较容易吸引男人的目光，但这并不代表非得曲线毕露。有时太紧身、太短、低胸，再加上恨天高的鞋子，反而过度直接，男人要么备感压力，要么直接把你归类成某种类型（社会性的归类或功能性的归类）。不着痕迹的魅惑，才是魅惑的最高境界。

男性不一定喜欢女性穿着太暴露，除非某些特殊的场合，他们可以在家上网，把煽情火辣的装扮偷偷看个够，或要求伴侣私下为他们特别打扮。通常男士们觉得能引人遐思的细节更有意思，如材质略透明的衬衫搭配深色内衣，上衣开口处若隐若现的内衣，能猜测得出身材曲线的丝质洋装，可以看到锁骨或颈项的领口，以及略微削肩的衣服都是非常有诱惑力的。即使V领较深，最好也不要露出大半个胸部，相较之下，含蓄地展现"事业线"反而效果更好。但是这些细节千万不能同时上场。

上宽下窄、上短下长（或相反）是不容易失败的搭配比例。但驾驭从头到尾紧身的衣服，需要拿捏得恰到好处，除非是模特，即便是艺人也不是人人都能驾驭，因为这依靠个人的内涵、气场和优雅的肢体语言。能够性感、大胆，又不流于低俗或被贴上某种标签，的确需要许多衣服以外的东西在背后支撑。

紧身不一定是正确的选择，剪裁和材质才是重点。剪裁可以让你看起来修长有型，也可以彻底毁灭原本不错的身材，好的剪裁可以凸显女性天生的特质。据我所知，男性通常不喜欢一大堆拖拖拉拉的布料盖在身体上，一层又一层不同长度的穿法，让他们觉得啰唆又麻烦。简单地说，无论你是胖还是瘦，他们喜欢看到一个明确的轮廓。除了少数例外，一般男性并不太关注流行，时尚不时尚无关紧要，重要的是你的一身打扮让你看起来美丽动人，一举一动都轻松自在，毫不费力地吸引人。

衣服的材质不但攸关视觉，也和触觉息息相关。真丝、开司米、洗过的棉麻等柔软的材质虽然不紧身，但会自然地贴合身体的曲线，而且会随着身体摆动，展现出垂坠感和柔和的流动感，像舞蹈、流水一样，是非常女性化的象征，让人心神荡漾。

如果说开司米（山羊绒）摸起来柔软温润，是纯粹触觉上的享受，那光滑细致的丝质类衣料更容易与亲密接触相联系。它仿佛是第二层肌肤，先享受视觉上的爱抚，然后诱发让人想触摸的冲动，感受由衣料传递出的温度。这是一种幻想，是欲望的前奏，是男女互相吸引的异想世界。

现代女性的生活步调和以前大不相同，无论白天晚上，长裤几乎已经变成许多人的制服了。虽说长裤比裙装略逊几分女人味，但是如果选择剪裁适合体型的长裤，搭配略带挑逗性的上衣，再加上一双高跟鞋，性感指数不一定会输给普通的及膝裙。

学会穿高跟鞋

谈到高跟鞋，不得不提及我当主编的朋友讲的一件事。她说以前杂志拍照片时，即使只是半身照，摄影师也会要求模特或受访者整天穿着高跟鞋。一方面，穿上高跟鞋后，后背自然挺直，走路的姿势会不一样；另一方面，抬头挺胸地走路，气势马上不同，即便坐着，也让人信心倍增，整个人看起来有精神。一双高跟鞋可以让人显得风姿绰约，把它比喻为精神加持也不为过。我真心觉得，每个女生都要学会穿高跟鞋，不一定每天穿，但必要时要懂得穿，哪怕只是当成练习。

选择高跟鞋，舒适是必要条件，否则你无法充分利用它。除了舒适以外，高低也是一门学问。太高了很辛苦；太低了又不能达到效果，线条也没有那么好看。不过，如果身材不高，尤其是穿短裙时，鞋跟太高反而会导致比例更不协调（特别是看起来笨重的楔头鞋），让人有种矮人踩高跷的视觉效果；如果身材够高，那并不需要穿那么高的高跟鞋，一切都是比例问题。很多女孩穿过高的高跟鞋走路，常常如履薄冰，膝盖总是弯着，完全失去了驾驭自如的气势，不但没有加分，反而会被扣分！尤其是穿着极短的裙子时，既要注意不跌倒，又要顾着别走光，十分不自在，常常搞得自己非常狼狈，完全失去了挥洒自如的和谐感。

身材矮一点其实不是特别重要，法国女人也不高，最重要的仍然是比例，是整体的协调感。东方人的身材本来就比较娇小，即使穿上20厘米的高跟鞋，也无法打造出西方模特

的天然比例和气势。其实只要比例对了，怎么看都顺眼。要有信心，身高没优势，但是我们有她们没有的东西！

以上所举的例子只是一般性的原则，是针对吸引力和男性如何看待女性穿着这件事。时尚的女人不一定是迷人的女人，有魅力的女人也不见得非得从头到脚都时尚。只是有些原则我们不得不承认它确实存在，女人也乐于配合，这是天地万物间再自然不过的事了。

许多情况都是因人、因时而异，毕竟穿着打扮只是给人留下的瞬间印象而已，诱惑力并不止于此。当其他因素比这些外表条件强时，在有缘人眼中，穿什么、怎么穿都已经抛诸脑后了。

这些东西，法国男人看不懂

基本上，男性和女性不同。男性虽然是感官动物，但大多数只会留下一个整体的印象，不太关注细节。所以女性要研究如何利用细节，营造出一个总体的轮廓。我观察后的感想是，男人不喜欢太复杂、太流行的穿着打扮。例如，名牌的高价拖鞋、不长不短及脚踝的阔腿裤、特大号的夹克、潮牌运动鞋……这些位列流行排行榜的行头不是不好看，而是他们不太懂得欣赏。

另外，还有一张法国男人不懂得欣赏的古董"清单"：标榜舒服的瑞典式面包拖鞋，又宽又松像面粉袋（法国人叫马铃薯袋）的衣裙，吊带工装裤，很厚很厚、完全不透明的裤袜（他们比较喜欢必须用吊袜带扣起来的透明丝袜，这是男性到现在还没退出流行的迷思，也是已故知名设计师伊夫·圣·罗兰认为所有女性必备的行头），很平很平的包头平底鞋，纽扣太多的衣服（尤其是小扣子），阿拉丁式的灯笼裤，传教士凉鞋（前面两条宽皮带，后面一条，很舒服、凉快，脚趾可以自由活动的一种凉鞋）……把灯笼裤和传教士凉鞋一起穿，简直是反性感的极致！（男士们说的。）

　　要打扮得体，有自己的风格却不过分嚣张，有格调又不失女人味，性感但不带低级的挑逗，雍容华贵中带点慵懒随意，隆重不忘一点俏皮，这一切都在于细节的拿捏和态度。在某些阶层中，的确有些从小养成的潜规则：穿迷你裙就不穿太高的高跟鞋，露了腿就不要再露胸，上下身都很紧是低俗的象征，眼睛画了大浓妆就不要再搭大红唇……此外，把所有的家当都穿戴在身上是大忌（越有钱越要低调）；身上的重点最好不超过两处；过分透明或直接的暴露往往令人却步，隐隐约约引人遐思才是上乘手段。赌注要下在男人的想象力上，有时穿着高跟鞋的脚背或及膝裙下的小腿也会让男人的眼光流连忘返。

15 闻，香，做个有自己味道的女人

喷香水，第一个享受的人其实是自己。四周充满自己喜欢的香味，不仅嗅觉得到了满足，即使没有特别打扮，也突然觉得多了几分女人味，即便姿色平常的人也会顿时充满自信。我们总要先说服自己，才能去诱惑别人吧！

味道可以形成一种记忆，甚至是一道烙印，大部分时间在脑海里沉沉地睡着，有一天忽然被唤醒了，便魂牵梦萦，念念不忘，然后在我们的想象空间里自由地无限放大。

我到现在仍然特别喜欢婴儿那种甜甜的乳香味，一直到女儿上幼儿园时，我还很爱她嘴巴里吐出来的气息。她长大成人后，偶尔我们出门旅行时睡同一张床，我还是会忍不住靠过去闻一闻熟睡中的她。心头微微一紧，是温柔也是恋

旧，熟悉的气息牵动母女间那条看不见的线。

　　女儿爱吃，所以记忆里家的味道就是烤玛德莲蛋糕和煮蔬菜汤的香味，那不仅是家的味道，也是妈妈的味道；热红酒的味道则是圣诞节的温暖；因为她从小爱骑马，所以还喜欢马厩的味道。其实马厩的味道很重，并不好闻，可见味道是主观的，经由大脑与情感相连。

　　人与人，尤其是男女之间，除了外表的第一印象之外，想要进一步相处或发展，气味其实很重要。很少有人可以和一个身上带有你不喜欢气味的人相处很久，但喜不喜欢是很主观的。法语中有一句话："Je ne peux pas le sentir！"（直译成中文是"我没法闻他！"）意思是"我很讨厌这个人！"我想没有比嗅觉隐喻更直接的表达了！

都是激素在作怪

　　从动物到人类，体味一直是雄雌两性相吸的一项重要元素，视觉和嗅觉主导大脑产生许多幻想——原来不是我们的心，而是我们的大脑被吸引，专家发现这是一种叫费洛蒙（phéromones）的激素在作怪。男女相爱的步骤是吸引—依恋—习惯，古今中外流传着许多有关香味的传说，中国有香妃，法国有拿破仑心爱的约瑟芬。据说，约瑟芬有特殊的体味，令热恋中的拿破仑特别着迷，他在情书里写道："你千万不要梳洗，我快马加鞭8天后就到！"8天不洗澡？不管是真是假，可见只要对味，香不香是见仁见智的问题，这就是所谓的化学作用吧！

　　在欧洲，香味一直与诱惑画上等号。古希腊神话里的众神都有自己的香味（据说这样比较容易辨识大大小小各司其职的众神），爱神阿芙洛狄忒（Aphrodite）的情人阿多尼斯（Adonis）就是掌管香气之神。在他们的文明里，爱情本就是神秘、超越现实的，既然无法理解，就把它和其他事情一并交给上天处理吧。他们相信冉冉而上的烟可以通达另一个世界的主宰者。"香水"一词，英文为"perfume"，法文为"par fum(me)"，而"fume"就是"烟"的意思，所以香水有借由烟熏之意，这与从古至今教堂和寺庙里点香似乎有异曲同工之妙。

至于世俗凡人，据说埃及艳后为了诱惑西泽大帝，在床上铺满厚厚一层玫瑰花瓣，历史证明她圆满地完成了任务。古装电视连续剧《甄嬛传》中，也有嫔妃利用催情香争宠的情节。可见香料果真是男女情爱战场上一项重要的武器啊！

法国国王路易十四因为特别怕水（那个时代人们认为水是疾病的来源），而无意中发明了香味湿巾。国王每天穿着厚重的衣服，脸上涂了一层层的粉，一出汗就用香巾擦拭。当时的凡尔赛宫大概是法国最脏的地方，所以路易十四就让身边的人，尤其是女人，通通都用香水。于是法国开始了"香水王国"的传奇，从此不断精进制造技术和香料来源，从世界各地寻找特别的花草提炼，精心研发出各种复杂配方。

刚开始，香水的确是用来遮臭的，但后来渐渐从必需品演变成奢侈的化妆品，现在在某种程度上好像又变回必需品了。随着时尚与化妆品的大众化，香水也变成女人必不可少的配备。东方人一向体味不重，所以并非人人都有使用香水的习惯。但近年来，几乎所有时尚名牌纷纷推出各自的香水，亚洲女性也开始受到影响，渐渐使用香水了。

作为一个女人，我觉得自己很难不被香水引诱。喷香水，第一个享受的人其实是自己。我不敢说每种气味都好闻，但选择实在很多，即使在许多大众品牌中都不难找到不错的香味。喷香水时，雾气向上蒸发再落到身上，就像香槟的气泡一样，给人带来一种魔术般的愉悦。四周充满自己喜欢的香味，不仅嗅觉得到了满足，即使没有特别打扮，也突然觉得多了几分女人味，即便姿色平常的人也会顿时充满自信。我们总要先说服自己，才能去诱惑别人吧！

香水的名字常代表着诱惑

香水还有一个迷人之处——香水瓶的外观设计。抛开内容不谈，光看包装，它也是一件令人赏心悦目、非常女性化的艺术品。人们都喜欢吃好吃的，看漂亮的，闻当然也要选香的。香料的故事在历史记载中从未间断过，因为它是人类感官上本能的需求，也间接影响了人际关系，许多文学家都拿它大做文章。香水除了嗅觉上的功能外，从社会学的角度来看，它也是一种阶层的区分。"她身上散发出劣质香水的味道……"这种描述经常出现在文学作品里，说明香水所代表的社会阶层区隔性。

　　一谈到香水，人们就会联想到诱惑，从香水的名字也可以明显看出这种倾向：毒药（POISON）、鸦片（OPIUM）、丑闻（SCANDAL）、真我（j'adore）、挚爱（Si）、小黑裙（Le Petite Robe Noir）、天使（ANGEL）、就在今夜（Ce Soir Ou Jamais）、珍爱（Trésor）、爱情故事（IDYLLE）……各香水品牌不仅在香料的配方上用心良苦，在命名上更是用尽心思。法国历史最悠久也最著名的香水品牌娇兰（GUERLAIN），于1925年推出的经典香水"一千零一夜（SHALIMAR）"（Shalimar在印度语中意为"爱之神殿"），据说灵感来自为凭吊逝去的爱妃而修建了泰姬陵的印度大帝沙·贾汗。

　　香水总是离不开诱惑、情爱和浪漫。在电影里，总会看到女人梳妆完，最后拿起香水在耳后喷一点，然后男主角会一头钻进女人的发间，说："你好香！"不记得在哪部电影里看过这样的情节：妻子过世后，丈夫不知所措地过日子，日复一日的思念难熬。丈夫难过时，打开衣橱，拿出亡妻的衣物闻那熟悉的味道。多少恋情已成往事的人，夜里抱着情人睡过的枕头，循着他（她）留下的气息，被甜蜜的回忆残忍凌迟。人生有许多片段就是偶然、惊喜，然后句点。

创造专属的味道

　　C是一个平常女孩，家住外省①，自己在巴黎工作多年。几年下来，她终于贷款买了一间小公寓，说好了搬进新家后要开一个暖屋聚会。周六晚上几个要好的朋友来家里吃吃喝喝，其中一个朋友临时带来一个男孩。她并没有特别注意，

_____

① 在巴黎人眼中，法国只有两个地区——巴黎和外省，除巴黎之外的95个省都会被笼统地称为"外省"。

只记得他中等身材，有一头黑色的卷发，脖子上围了一条紫色的围巾，非常好看。大伙一下就熟了，整个晚上喝酒聊天，轻松愉快，玩到凌晨两点才各自回家。朋友离开后，C稍微整理了一下客厅，发现遗落在沙发上的那条紫色围巾。她好奇地拿起来摸一摸，是柔软蓬松的马海毛材质，男生好像很少用这种东西。不知为什么，她下意识地凑近闻一闻，有点马鞭草、皮革和雪茄的淡淡香气，觉得似曾相识，又想不起在哪里闻过这种味道。那天晚上，她躺在床上努力回想那个男孩的长相，回忆他说过的话，但不知是人太多还是酒喝多了，她实在没办法拼凑出一个完整的印象。

　　第二天早上，她坐在沙发上喝咖啡，又把围巾拿起来闻，觉得有一种熟悉的温暖，感觉很安全，很放松。她放下咖啡，把围巾围在脖子上，用力深呼吸。接下来几天，她几乎每天都这样做，渐渐习惯了那种味道。她偶尔围着围巾出门，故意不用自己的香水，每天与这个她原本不认识的味道朝夕相处，既陌生又熟悉，彻底地爱上了这种香味。她有种

偷偷做坏事的感觉，忍不住想象围巾主人的生活：他喜欢吃什么？喜欢海边还是山上？她一直等待着有一天围巾的主人会托朋友来寻取，但等了好久，他仍然没有出现。终于她把围巾折好，放在抽屉里。突然有一天，她在回家的路上偶然遇到他，他们打了招呼，她顺口问他要不要把围巾拿回去。他跟着她回家拿了围巾，喝了一杯茶，闲聊几句就走了，也带走了和她相处了一个月的香味。虽然她刻意不用香水，但现在围巾上也有她的气味了，不知他会不会发现。

　　在法国，除非非常熟悉的人或事先打听好了，否则大家一般不敢随便送香水，因为这是很个性化的东西。首先，个人喜好是主观的；其次，同一款香水在每个人的皮肤上产生的效果并不相同。所以选择香水不能只靠闻，必须喷在手腕内侧，等它挥发完了，才能确定是否真正适合。当然，选香水也和选衣服一样，要看你的个性、风格、职业及生活方式。有人适合浓艳妖娆的尤物型香水，有人偏爱清淡芳香，有人喜欢草本植物，有人则喜好香草、肉桂和肉豆蔻等东方香料的味道。

现在工厂大量制造的香水选项很多，但也逐渐出现量身定制的香水职人。就像调酒一样，你只需告诉对方你喜欢什么花香或植物，对方就会为你调配出专属于你个人的香水。但是一般来说，他们的原料比大香水厂少很多。选择一款适合自己的香水并不容易，因为我们难免会受流行和广告的影响，有时寻寻觅觅好几年，才能真正找到最能代表自己的香水，不过一旦找到了，那就是你的个人招牌。

选香水是一门学问，用香水也有一些要注意的地方：喷多了，让人老远就能闻到，是一种打扰，也容易让人替你贴上"风尘"的标签；喷少了，一下就没了味道；最理想的效果是当别人靠近你时才能闻到。通常专家会教你喷在耳后、脖子、手腕内侧和头发末梢，香气会随着你的动作散发在空气中。大部分法国女人都会使用香水，基本上是为了愉悦自己，约会时当然也是为了取悦自己想取悦的人。不过这只是最初的吸引而已，真正两情相悦时，香水的作用并没有那么重要了，那时是大量激素加一点点香水。

16 法国人非用不可的秘密武器——
　　肢体接触

　　有时在某种情境下，肢体的碰触不一定是调情的前奏，它可能是开启心房的一把钥匙。因为在潜意识里，它代表你已经准备好接受对方，付出关爱，共享甘苦，有心人会立刻接收到信息的。

　　大家都知道法国人见面时以吻颊问候，吻的时候触碰双颊，发出声音，但嘴唇绝对不能碰到脸。巴黎人左右颊各吻一次，有些地方则可能碰颊三四次。当然初次见面都是握手寒暄，一般要熟悉到某种程度，而且经过对方同意后才会转换成这种方式。但有些人或某种圈子的人比较容易快速切换，有时相见欢聊得愉快，一个晚上就够了。就像说话使用敬语一样，有些人习惯性地直接跨越这道矜持的防线，但这并不代表他真的就把你当成亲近的朋友，只是每个人的风格、态度和教养不同而已。这只是一个表象，不见得可以用来评估真正的交情。

一般普通朋友之间的吻颊礼，基本上只是脸对脸的接触，但如果关系比较亲密，如家人和好朋友，则可以将双手搭在对方的肩上，甚至相拥。这可以有几种解释：第一，当然是代表家人之间长久以来的亲密关系；第二，对于认识已久的朋友，这是一种友爱且温柔的动作；第三，有些人天生个性比较开放热情，肢体接触对他们而言就像吃饭喝水一样自然，很容易与他人快速熟稔；有时也可能是双方一拍即合，聊得投缘，马上就会自动缩短距离。

肢体接触是自然的沟通方式

无论何种情况，通常是男士轻轻地把手搭在女士的肩上，在法国这是习以为常的事，没有人会大惊小怪。当然他们心中自有一把尺，视双方的关系来拿捏分寸，多数情况都是在一种正常的社交氛围下进行的，没有人会想借机占便宜，也没有人会觉得被侵犯，这当然与文化和传统习俗有很大关系。

不可否认，吻颊这种近距离的接触对不熟悉的双方是探索的第一步，借由脸颊的触碰，不但眼神交会，还可以嗅到对方的气味——男性对女性发间或耳后散发出的香味特别敏感。也许因为要随时执行这种礼仪，法国人比较注重自己的仪表和身上的气味，法国的香水业如此发达不是没有原因的。

法国人从小习惯肢体的接触。美国人由于宗教和女性主义的原因，对于男女肢体的碰触非常敏感，无论在日常生活还是职场中都有严格的规范，好像在男女交往上也有一定的时间表。但在法国相对比较开放、自由，这并不代表他们放荡，而是从小生活的环境使他们（无论男女）比较懂得判断和处理。对他们而言，适当的肢体接触是一种自然且本能的沟通方式，也能成为男女相处的一种润滑剂或温度计。

男人在适当的时机做一些绅士的举动，如让女士先进门、帮女士穿大衣、过马路时轻柔地扶着肩膀、让女士先入座……这些其实是帮自己加分的动作。除了让女性觉得你有教养，也让她们有一种被保护的感觉，会让女性更自觉地充满女人味，这是一种互相加分的良性循环。有时在某种情境下，肢体的碰触不一定是调情的前奏，它可能是开启心房的一把钥匙。因为在潜意识里，它代表你已经准备好接受对方，付出关爱，共享甘苦，有心人会立刻接收到信息的。

用肢体传达彼此的吸引

A和他约好7点整在朋友家楼下的咖啡厅见面，因为8点朋友家有场晚宴，这是他们第二次见面。不久前，她策划了一场活动，从早忙到晚，晚上在泳池边还被朋友起哄推进泳池里，全身湿淋淋的，人也累坏了。那天借住在朋友家，一进门发现客厅里坐着几个朋友，她匆匆打了个招呼就进房休息，这是她第一次遇见他。隔了几天，他打电话来约她见面喝一杯。

　　走进咖啡厅，男士照例起身招呼她，两人聊了起来。起先只是谈一些平常的话题，后来越聊越起劲，有时还会听到两人哈哈大笑。渐渐地，她更放松了，谈话间双方偶尔会不自觉地用手轻轻按着对方的手肘，她笑的时候不自觉地往前倾，两人似乎有种相识多年的熟悉。一杯咖啡后，她又点一杯生啤酒。她拿起服务生送来的啤酒喝了一口，还没来得及说话，男人忽然用手指抹了抹她的上唇，说："你长胡子了！"她莞尔一笑，拿起纸巾擦干那圈白色的泡沫，两人之间的距离似乎又拉近了一些。

　　突然间，空气中有一种尴尬的安静。沉默几秒后，他缓缓叙述不久前因车祸而丧生的好兄弟。原来他的朋友也特别喜欢在大热天喝生啤酒，每次拿起半升的杯子"咕噜咕噜"地灌下半杯，才放下喘口气，嘴唇上总是会留下一圈白泡沫。他低头把玩着卷成筒状的巧克力包装纸，之前的神采飞扬瞬间不见了，眉眼间罩上一层忧伤的雾。A突然伸出手紧紧握住他的手，什么话都没说，只是静静地看着他。他感受到她手上传来的温度，过了一会儿慢慢地从雾里走出来。

　　时间一点点流逝，A和他都没有离开的意愿。两人不约而同地取消了之后的约会，决定一起到河边散步。一路上，他并没有拉着她的手，只是偶尔把手搭着她的肩上。过马路时，用手轻轻地托着她的背；河堤的台阶比较高，他伸出手小心地扶着她下来。两人就这样并肩聊到深夜，她偶尔靠在他肩上大笑，他也会把手放在她的腿上，但没有任何猥亵的企图，只是熟悉到某种程度后的自然碰触。从那天之后，他们就在一起了。

　　有一次，我在咖啡厅闲坐着，离我不远坐着一对男女，显然不是初次见面。两个人面对面地坐着，时而聊天，时而对望，偶尔拉着对方的手轻轻用手指触摸着掌心或手背。女孩不时地拨动一下头发，男孩会顺势摸一下女孩的发丝，有时还凑过去闻一下发香。女孩伸手抚摸男孩的脸颊，然后用手背顺势上下滑了两下，而男孩接住女孩的手，轻吻了一下。在法国，这是司空见惯的情景，我不知道他们是否在谈一场真诚的恋爱，也不知道结果如何。他们只是在公共场所很温柔地调情，没有特别火热的动作，既不矫情做作，也不轻浮，他们只是在享受着吸引和被吸引的愉悦。

　　刻意的肢体接触不一定是有效的，但是配合精神层面的交流和正确的时机，又肯定是必要的，也可能成为一段关系重要的转折点。像A与对方由陌生进入自在、舒服，甚至某种熟悉的状态后，才能毫无保留，主动真诚地握住对方的双手。她用双手传达的是感动、关爱、保护和温柔，这些是男人无法抗拒的吸引力！

　　好好地欣赏自己的身体，唤起对它的感觉，善用我们的触感与肢体去体会和诉说吧！并不是所有的接触都与情色有关，它可以很忠实地诠释你当下的感受，也可以释放你独一无二的吸引力。它可以是最温柔的语言，最实时的特效药，值得我们善用它。

好好开发我们的肢体感触能力吧

西方父母从小就把"我爱你"挂在嘴上，爱的拥抱更是平常。把小孩搂在怀里，传递了父母的温度和气息，父母的臂膀也带给孩子极大的安全感。即使对大人而言，拥抱也很有疗愈效果。一个人在伤心、失望或气愤时，如果有人愿意真诚地将他搂在怀里，静静听他倾诉或哭泣，心中的委屈或负面情绪就会立刻得到安抚。心理的创伤真的可以通过肢体的接触，得到某种精神上的抚慰。

女儿小时候，多少次因为生气、做错事、委屈或跌倒而号啕大哭，停不下来。当所有安慰、讲道理的话都说尽了，尤其在严厉处罚后，最终还是要将她抱在怀里，轻轻地在她耳边低语，等她慢慢平静下来，完整地结束所有的冲突和不满。拥抱可以让孩子的情绪在最短的时间内恢复，最重要的是让孩子知道，即使父母生气了，对他们的爱也是永远不变的。肢体的接触永远是最原始、最直接的抚慰和解释。

　　我记得婆婆过世前，她仍然可以说话，但病情严重，已经没有任何体力和欲望与外界沟通了。我们每次去探视她时，就坐在病床旁，轻轻抚摸着她的手或吻吻她的额头，把我们的情意和关怀经由触摸的温度传达给她，这时任何言语都是多余的。肢体的接触是动物的本能，不但不应刻意压抑，反而应该好好开发。肢体不只是视觉感受，也是除了语言以外的沟通工具。人有七情六欲，许多时候需要通过我们的肢体来表达欲望、需求、关心、温柔、愤怒与快乐。我相信通过肢体的接触，会改变人与人的关系，把我们从许多禁锢中解放出来，进而影响我们的生活形态和思维。

　　只是现代人几乎忘记肢体的存在，好像只有病痛时才会关心它。有一天我路过行天宫，顺便进去拜神。我站在人群里专心祈求，短短几分钟内，我肩上背的皮包被撞了不下十次。空间是充裕的，但是经过的男女根本没想到要小心别打扰别人。当我受到猛力碰撞时，对方难道没有感觉吗？当然有，只是他们已经麻木到无视自己和别人的肢体了。

17 "谈"恋爱从搭讪开始

　　在法国，独自一人坐在咖啡厅一整天，可能发生很多次搭讪。"我可以坐在你旁边吗？"女生如果觉得来者没有恶意，正好看得顺眼，就可以和他聊几句："可以啊！"如果看不上眼或当下心情不好，简单一句"我不想被打扰"就打发了，没有人会大惊小怪。

　　我并不了解其他语言，但在英文、法文和中文中，都有"坠入爱河"的说法，它是指爱上一个人。但如果两个人正在恋爱中，法国人会说"我们在一起了"，美国人可能会说"我们在约会"，好像只有中国人会说某某人在"谈恋爱"。真是太贴切了，的确，恋爱有一大部分真的是"谈"出来的！

看上了一个对象，接下来就是如何开口打开第一扇门。这需要勇气、眼色、经验、技巧、随机应变和一点点运气。

我听过一个很浪漫的故事。希拉克总统执政期间的一位总理，曾经在一档节目中谈起自己与夫人是如何相识的。当时他还是学生，有一天走在路上看到一辆公共汽车经过（那时的公共汽车还是那种后半段带栏杆的开放式旧式车型）。他看到一位非常漂亮的女孩上了车，正倚着栏杆站着，便忍不住跟在公共汽车后面奔跑，同时做手势要那女孩下车。结果女孩真的在下一站下了车，他们一起去喝了一杯咖啡，然后开始谈恋爱，后来果真成为夫妻，还生了3个孩子。

这就是法国！

法国人习惯于这种追逐的乐趣，当然前提是要保持一种轻松得体的氛围和心态，也就是说男人要懂得攻略（一般还是男方主动或至少要让男人觉得是他们主动的），但也要懂得察言观色，如果女方没有释出善意，就要懂得适可而止。真正有经验的猎人不会浪费时间死缠烂打，他宁可去寻找下一个目标。虽然是调情，但也要有格调，可以适当地挑逗，但不能下流；可以开玩笑，但要优雅。女人永远要记住，掌控权掌握在自己手中，要有判断的能力，要学会说不，既能巧笑倩兮，也能严肃冷漠，一切在你。温柔可爱固然吸引人，神秘莫测也是魅力，只有你可以决定。

　　法国女人就有这种善用女性特权的本事。在法国，真的什么事情都有可能发生，独自一人坐在咖啡厅一整天，可能发生很多次搭讪。"我可以坐在你旁边吗？"女生如果觉得来者没有恶意，正好看得顺眼，就可以和他聊几句。"可以啊！""啊！这本书我也看过，我比较喜欢他的上一本……"

　　如果看不上眼或当下心情不好，简单一句"我不想被打扰"就打发了，没有人会大惊小怪或觉得是伤风败俗的大事。这当然是教育、社会环境造就的搭讪文化，但也有一部分来自女性的自信。她们知道自己想要什么，高兴时顺水推舟地热情回应；不喜欢时一句"走开"就令对方知难而退了，简单明了，气势万千，果断又有效率。

搭讪漂亮女孩是一种恭维

记得有一次我急着送文件去律师事务所，那天天气很好，我穿着米色风衣，戴着太阳眼镜，车窗摇下来一半，任由发丝随风抚摸脸庞。我沿着香榭大道行驶，不知怎么一路遇上红灯，停车时隐约觉得旁边总有一部重机车（摩托的一种）跟着停下。我心里也没多想，同一路线，大家又都是同样的速度，该停时就停，再正常不过了。待第四个红灯亮起时，有人敲我的车窗。我转过头去以为他要问路，没想到他居然说："你好！太太，我一路跟着你开过来，觉得你很美，开车的样子也很帅，我们可以喝一杯吗？"我那时正在赶时间，老实说也没心情，所以只是微笑着回答他："谢谢你的赞美，但我急着送文件，对不起了！"正好绿灯亮了，帅哥笑了笑拉下头盔（他很有礼貌地拉起头盔和我说话），用手对我行了个礼，我们便各自发动油门走了。如果那天我没事，也许会相约停在一家咖啡馆喝一杯。聊得来也许再见面，如果不合适就谢谢再联络。反正公共场合没什么危险，更没有人会因此认为我是个随便、轻浮的女人。这就是法国，搭讪漂亮女孩是一种恭维，也是一件令人愉悦的事。

为了写书，我趁着回巴黎度假时访谈了许多人。有一天我如约到了咖啡馆，当时座位都满了，因为从未见过对方，怕人家难找，所以我站在吧台等。过了一会儿，查看笔记本才发现自己搞错了日期。我心想既然来了，干脆留下来写写东西吧。环顾四周，我发现有个靠窗的位子空出来了，于是走过去坐了下来，拿出笔记本和笔，点了一杯咖啡。一切安顿好后，习惯性左右看了一下，发现旁边坐了一位年约40岁的男士，他面前放着计算机和本子，但并不是很忙的样子。我灵机一动，忽然想到可以问问他是否愿意接受访谈。于是尽我所能，展露自认为最迷人的笑容，说："你好，先生，你在写书吗？"

"喔，你好！没有，我只是想到一些东西，顺便记下来而已。"

"我正在准备一本主题是XXX的书，本来约好了一个访谈对象，结果我搞错了时间，你是否愿意和我聊聊这方面的问题？"

"当然可以，我是哲学教授，今天刚好没课，你要不要坐过来？"

于是我换了桌子。那天我们聊了整整3小时，还录了音，搜集了不少信息，真的是满载而归。最后，他还很绅士地买单了。

轻松自信比外表美丑更重要

虽说走出第一步并没有想象中那么难，可是除了交换最基本的信息，头脑其实还是要准备一些聊天的话题，如旅行、美食、爱好、运动、电影……初次见面当然要避免谈政治、宗教和疾病等敏感、伤感或过于隐私的个人问题。

也许有些朋友会觉得，法国人做起来轻松愉快的搭讪，对华人来说不见得适用，毕竟文化不太一样，但是我相信很多原则是具有普遍性的，如轻松愉快的态度和自信。千万不要有无谓的自卑感，觉得只有"漂亮"或"帅"才是散发吸引力的唯一因素。男女初次相见，当然首先被外表吸引，不见得只是美丑，而是外表和人格特质所散发出的整体印象。大家有没有注意到，有一些人其实不见得特别漂亮，可是他们身边总是围绕着一群人。俗话说这是人缘好，其实仔细观察，他们身上会有一些共同的特质：除了美丽的笑容外，就是对人的兴趣和关切。他们的接收天线随时都是打开的，不排斥与人接触，他们会适时给人一个温暖的眼神，一句不着痕迹的赞美。

被一个人的外表吸引后，除非只停留在观赏的程度，否则一般都会想要更进一步认识，甚至拥有。无论男女，外观最终自有它的极限，想要建立一段关系，还是要靠谈话。实际接触、沟通后，才能知道双方是否有第二次见面的机会，此时才是展现真正诱惑力的时刻。可以聊的东西真的很多，但重要的其实是好奇心，一定要让对方知道你对他（她）非常感兴趣，好像你全神贯注在挖宝，要时刻注意对方的反应，适时转移话题。第一次见面不必谈什么人生大道理，见面的目的是让双方觉得在一起很愉快、舒服且放心。

有些男人滔滔不绝地自说自话，大多数女人都会（装作）注意倾听，有心的女猎人甚至会露出崇拜的眼神。大部分男人其实并不在乎女人说什么，他们比较在意的是女人"听"他们说什么。其实第一次接触最重要的是观察和倾听，当你在讲话时，如果对方不时地注意周围发生的事，看手机，眼神开始空洞时，那就表示要转换跑道了。

幽默是一把双刃剑，要小心使用。尤其在第一次见面时，过度的幽默反而会扼杀幽默。有一种人特别喜欢讲笑话，但笑话讲多了，有时容易分散注意力，让女孩觉得这个人很好玩，却忽略了你的其他特质或魅力。如果不擅长讲笑话宁可不讲，因为不知道说什么而冷场时，是安静且深情地看着对方的最好时机，千万不要没话找话说。安静也是一种语言，眼睛也会说话。

最糟的诱惑是存心诱惑，那些号称唐璜再世的情场老将，其实只是所谓的"把妹高手"而已。真正的诱惑是不着痕迹的，在你没有展开防御时悄悄渗透进来，它最大的力量就是真诚的关心、适当的话语和专注的眼神。首先，你要让对方知道此时此刻他是最重要的，你对他的人、他做的事情投入百分之百的关心。你要引导他自愿倾诉自己的故事和心情，那表示他已经放下戒心，对你产生某种程度的熟悉感。其次，借助言语、态度和诚意，说服对方你在意他，你"只"要他，他在你的眼中是特别的。当然，你也要说服对方，你确实是值得共度一段时光的人，和你在一起会快乐。男女都需要对方的肯定和赞赏！

　　谈恋爱是一种得到和付出，也是一种享受，享受你在另一个人眼中的独一无二，享受这个人给你的关心。行动固然是最重要的，但言语能表达某一时刻的心情，而所有的感情都是由点滴的感动累积起来的。无论结果如何，当下感受到的，只要是真诚的，就会永远留在心中某个角落里。

搭讪并不难——两则实例演练

搭讪说起来很简单，但也是决定要不要更进一步的关键。女人其实都很敏感，如果某人的眼神不断追着你跑，再笨的人也会感觉到，直觉通常八九不离十，就看当下是否要回应。嘴角带着微笑，偶尔看一眼对方，等于发给对方一张通行证；但若避开视线，脸部的表情是拒绝的，那就等于挂了一张"请勿打扰"的牌子。

除非你一直是个独行侠，否则男人通常都会等到你落单时过来搭讪。所以女性同胞们，如果你也想打猎，而且已经找到了下手的对象，千万不要将一群啦啦队带在身边，尽量制造一个人独处的机会。

如果是在聚会场合，通常搭讪总是从普通的问好、自我介绍开始，尽量从当时的环境中找到关联性（如是主人的朋友、家人或同事等），进而聊到职业、嗜好，甚至不相关的话题，能适时加入一点无伤大雅的玩笑，展现幽默感是最好的。很多男士利用帮女士递茶拿水而延续接触的机会，的确是一个很好的借口，也少了几分尴尬。这种时刻越自然轻松，越能拉近双方的距离。最高境界是不预先设定最终目标，不让人闻到不达目的不罢休的味道。抱着轻松的态度，随时告诉自己，即使看上的人没有追求成功，起码开开心心地聊了天，度过了愉快的时光，这也是赚到了，说不定还能交到一个朋友呢。抱着这种心态会让自己比较没有负担，因为没有得失心而更有自信，也会让对方更自在，更快拉近两人的距离。一段恋情或友谊有时就是这样建立起来的。

实例一：

　　在人多的场合总是三三两两聚在一起聊天，来来去去，但也有人总是落单。我曾经多次看到男士主动搭讪落单的女士，礼貌地帮忙倒酒，张罗吃的。两人慢慢熟了，好像有默契的伙伴似的偶尔会讲悄悄话，而且笑声连连。聚会结束时，两人一起开心地离开。当然这并不代表他们会有一个完美的结局，但至少是一个好的开始。许多时候行动都是在一念之间，走过去自报名字，其实并没有那么难，接下来就要看情形见招拆招。

有一次参加一个朋友的聚会，主人在法国一个大公司上班，来宾中有很多人是他的同事。有一个朋友远远看到一个漂亮女孩单独站在屋中一角，他稍稍观察了一下，走过去自我介绍："你好，我是P，你呢？"

"你好，我叫S。"

"你也是我们A公司的'受害者'吗？"（A公司在法国以福利好、待遇优而著称。）

S莞尔一笑："啊！我没那么幸运，我只是E（女主人）的表妹。"

"啊！E的表妹，你要喝什么吗？我去帮你拿。"

……

就这样，两人开始交换信息，探试对方，试图找到共同的频道。那天天气很好，大家逐渐往花园移动。女生穿着高跟鞋，拿着皮包，男生细心地帮女生端着饮料。他在前面引路，还不断提醒女生要小心。你说，面对这位一直用语言和行动给自己加分的男人，女人会无动于衷吗？

实例二：

　　X一见到P，就完全被她吸引了。他也说不出为什么，她已不再是花样年华，外表只能算得上普通，但不知为何，他一看到她就有一种想把她拥入怀中的冲动。第一次见面时，他坦诚地诉说自己的事，好的与不好。她只是静静地听着，偶尔喝口酒，提出几个问题，没有任何批评，也没有任何意见，最多只是说说自己遇见类似问题时的相同感受，他内心有种被理解的舒畅。诉说完了，X开始问P一些职场上的事，聊一聊她正在做的计划。P只是随意提起一些碰到的问题，他却注视着她，专注地倾听，然后十分关切地站在P的立场，非常精准地提出几个关键性问题，仿佛P的问题就是他自己的问题似的。

他说:"你不觉得问题出在那儿吗?也许你可以试试……几年前我也遇到过相同的困扰。"

"我真的很佩服你一个人能完成这些……"

"你是我认识的人当中第一个尝试这样做的……"

"如果你需要数据的话,随时打电话给我……"

此后他们每次相见相处时,他总是在吻颊时悄悄地在她耳边说:"你今晚很美!"然后会全神贯注地听她说话,眼睛从不离开她的视线。只能说,他真的很专心地在"谈"恋爱!

18 诱惑扎根于法国文化中

男女之间的关系不仅只有来自外界的规范，还关系着自己的意志和当下的感觉。诚实地面对自己的需求。女性一定要非常明确地知道自己要什么，如果你也中意对方，那未尝不可以玩一场诱惑的游戏；如果确定不是你想要的，就坚定地拒绝吧！

当"Me Too[①]"风潮穿越大西洋，法国媒体或多或少也开始讨论这个话题。这时法国一位专写情色小说的女作家发

---

① Me Too（我也是）运动是由美国女星艾丽莎·米兰诺（Alyssa Milano）等人，于2017年10月针对美国金牌制作人哈维·温斯坦（Harvey Weinstein）性侵多名女星的丑闻发起的运动，呼吁所有曾遭受性侵犯的女性挺身而出，说出惨痛经历，借此唤起社会关注。

表了一篇文章，还找了一些名人联合署名，老牌影星凯瑟琳·德纳芙站出来发表意见，却因此饱受批评。或许是她没有清楚地表达自己的意思，或许媒体有些断章取义，总而言之，她有点被这篇文章绑架，以至于成为众多舆论指责的箭靶。

凯瑟琳是闻名全球的明星，红极一时，正好赶上20世纪70年代女性解放的风潮。她漂亮，演技好，个性独立自主，行事低调，但作风一向坦荡自在。我曾经与她在餐厅邻桌而坐，她一点也没有巨星的阵仗，却有一种不可侵犯的天然保护层。她曾经和捧红了碧姬·芭铎的大导演罗杰·瓦迪姆生了一个儿子，后来又和意大利演员马斯楚安尼生了一个女儿，但坚持不结婚。围绕在她身边的男人应该从未少过，但媒体却鲜有她的绯闻。她一向自由自在地过自己的生活，实在没有必要蹚这浑水。

我想她仍然本着自由女性的作风，表达自己的想法。但这一事件让我想到，不同文化和传统对于诱惑和性骚扰的界定，可能在认知上存在很大的差异。

是游戏，还是骚扰

法国文化中有一种来自中古世纪的骑士精神，后来传承演变成某种形式的绅士传统。它当然是建立在假设女性处于弱势的基础上，因为在过去女性无法接受教育的时代里，无论在体力还是在能力方面，女性一直被称为第二性。所以男士不但负责养家，在日常生活细节上也养成了礼让女士的习惯。例如，推门、上菜、倒酒、上车（上楼梯则相反）时让女士优先，在机场和车厢里要帮女士拿行李等。

法国男性从日常呵护女性的习惯，很自然地延伸到在男女关系中掌握主动权，看到外形不错的异性时表达赞赏、吹口哨、献殷勤，只要不过分到阴魂不散的程度，一般不至于造成骚扰。除非在很极端的情况下，通常拒绝或接受的主权仍在女性手中。那么如何判断是骚扰，还是将其视为一种男女之间的游戏（诱惑的游戏）呢？

路边的搭讪很容易打发，但在职场或社交场合就需要在很短的时间内，凭经验和感觉马上决定要不要让这场游戏继续玩下去。我们必须承认，人性天生喜欢被称赞或欣赏，规则和尺度可以因人而异。男人需要一些教养和经验，让欣赏变成一件雅事；女人也要凭直觉、见识或心机，决定是坚决婉拒，还是要玩一场公平的、双方都享受的诱惑游戏。

一群朋友在一起，开始时大家总是保持距离，客气地礼尚往来。聊了一阵子，熟悉之后，嬉闹间就会出现一些有意无意的肢体碰触。可能是跨过别人传递东西，也可能是兴奋状态下忍不住拍了一下对方的手臂，再不然就是讲话时轻拍一下别人的膝盖或手肘。女性其实不需要时时把性骚扰、"咸猪手"这类观念太广泛化，弄得草木皆兵，少了一些情趣。其实对方有没有逾矩，某种程度上可以从肢体动作的频繁度、时间的长短来判断，但最重要的是态度，是言谈举止，还有懂得尊重对方的基本教养。我相信人都是敏感的，让你不舒服的举止一定让你不自在，对方也会察觉到。如果一而再，再而三地发生，就代表他不但是个没有品德，而且是一个完全不懂吸引力为何物的人。

　　所以女性一定要非常明确地知道自己要什么，如果你也中意对方，那未尝不可以玩一场诱惑的游戏；如果确定不是你想要的，就坚定地拒绝吧！尺度在每个人的心中，女性要随时记得，掌控权是握在自己手中的！这个社会给了女性许多桎梏和框架，而有些女性在养育孩子的过程中，无形中又把这些框架输送给了儿子。有些母亲没有在男孩小时候向他灌输过男女平权的观念，更谈不上尊重异性的基本态度。发生社会事件时，箭靶指向女性的概率仍然偏高。

掌控权在女性手中

　　在争取女权的现代，我觉得女性除了要懂得说"不"，还要勇于说"要"！这才是真正的独立。女权主义的宗旨不是要造成男女对立，而是强调女性自己的主控权，也要在这场游戏中双方各自取得自己所需要的。男女之间的关系不仅只有来自外界的规范，还关系着自己的意志和当下的感觉。诚实地面对自己对于感情、生理或名利的需求，勇于追求，敢于负责。

诱惑不只是外表的竞赛，也是谈吐、机智、幽默、体贴、亲和力和好奇心等汇总后的综合作用。将对方慢慢带入自己的世界，享受相知相随的欢愉，其实这是动物的本能。雄雌鸟儿在发情期相遇时，先是对看，然后互相嗅闻味道。雄性可能需要展现丰盈美丽的羽毛或高亢的叫声，以吸引雌性的注意，最终目的是繁衍下一代。人类也是，少数人以此为乐，只追求短暂的狩猎刺激，但大多数人则希望这是一段持久关系的开始。人不都是在追求伴侣吗？很少人愿意不断失败，不断重来。

当然，不同文化会有不同的价值观和判断标准。我有一位曾在美国顾问公司任职过的法国友人，他被调派到美国工作时，接受过一堂预防职场性骚扰的课。其中，许多规定非常具体：肢体接触时，绝对不能碰触手肘以上的部位；在电梯里要小心保持一定的距离等。有一次他因公出差，白天和来自各国的同事开会，会议结束后他不想一个人无聊地回旅馆吃饭，随口邀请一位女同事共享晚餐。结果该美国女同事当际拒绝："喔，我已经结婚了！"我的法国友人事后觉得非常无辜，也很无奈。一个成熟有阅历的成年人应该有足够的能力分辨这是一个暧昧邀约，还是纯粹友善、没有任何企图的餐叙。

自由并不代表轻浮，但过度的拘谨与矜持也会失去风情。追根究底，一切都在于教养和优雅。可以风流，但不能下流；可以风情万种，但不能低俗妖媚。所有的行为举止都要符合你的人格特质，而不是刻意做作地勾引。有人可以不声不响地颠倒众生，那就叫作天赋！

华人社会一向有大男人主义的传统，其实以骑士精神为主轴的绅士风度才是真正男性该有的行为。懂得尊重女人，就不会对她们有任何精神上或行动上的侮辱和侵犯；对自己有充分的自信，就不会有驾驭女性的需求。男女必须先站在平等、没有性别歧视的基础上，才能真正自由地享受互相吸引的乐趣。这是老天爷给的礼物，是大自然的生存法则，每个人都应该去尝试拥有吸引力。

第三部

她们的魅力
来自于时光的淬炼

19 从16岁男孩的爱恋到法国第一夫人

布丽吉特成为第一夫人后，很多人批评她的穿着有损第一夫人的形象。也有人觉得以她的年纪（64岁），裙子不该那么短，高跟鞋也太高，形象不够优雅等，但她并没有因此而改变，完全按照自己的个性，反正她一生所做的事都与传统背道而驰。

2017年5月，法国人选出了一位有史以来最年轻的总统，39岁的马克龙，打破了拿破仑的纪录！

第一轮获胜后，他牵着太太布丽吉特·马克龙（Brigitte Macron）的手，像一对年轻的恋人般跑上舞台。他们高举双手向疯狂的群众致意，然后穿着浅蓝色外套的布丽吉特牵起丈夫的手深情一吻，眼里有骄傲、爱怜、感动……未来的总统顺势将她搂入怀中，报以真正的亲吻。

　　这种画面法国人已经习以为常了，不寻常的是这位不到40岁的法国总统娶了一位比他大24岁的老婆。这一吻不仅代表选举的胜利，更是他们一路辛苦走来的爱情见证。

　　竞选伊始，大家并不看好这位默默无名的精英技术官僚，后来比较年轻的选民渐渐凝聚成一股强大的力量，他的人气逐渐上升，媒体开始关注他的一切，包括他的私人领域。他在媒体上占的版面越来越大，法国人这才发现原来他有一位比他年长24岁的太太。从此马克龙夫人不断在媒体上曝光，几乎超过总统候选人，全世界忽然间开始关注法国大选。

　　新任法国总统马克龙天资聪颖，从小就是人生胜利组，无论求学还是工作都是精英中的精英。他和太太的爱情故事也非常与众不同，成为竞选中炒作的话题，也让这次原本平淡乏味的总统大选变得精彩有趣。

　　马克龙来自法国中部的一座小城，父母都是医生，从小受到中产阶级应有的优良教育。他天生热爱表演，曾经梦想当一名演员。布丽吉特家族在当地也小有名气，父亲是巧克力制造厂的负责人，家境相当优渥。她21岁时嫁给了在银行工作的先生，两人育有一男二女。布丽吉特并没有按照一般传统，乖乖地在家相夫教子度过一生。她重返学校继续念书，36岁时考取教师资格，进入中学教法文。马克龙就在这所学校就读，一向对戏剧感兴趣的他很自然地加入了学校的戏剧社。布丽吉特并不是他的法文老师，但她很早就听女儿提起过这位聪明绝顶、无所不知的"怪物"。她在戏剧社遇见马克龙后，发现他果然天分过人，而马克龙似乎也被这位成熟的女老师所吸引。为了亲近仰慕的人，少年马克龙甚至以合写剧本为借口，以便亲近心中爱慕的老师。

老师和学生越走越近，双方家人知道了当然会反对，马克龙的父母决定将儿子送到巴黎读书。马克龙的母亲曾经找布丽吉特摊牌，要求她放儿子一马。布丽吉特很诚实地回答："我无法承诺！"她知道自己深深地被他吸引，并且也渐渐相信彼此之间非比寻常的爱情。

我一定会回来娶你

16岁的马克龙去巴黎前对他的初恋情人许下诺言："我一定会回来娶你！"这对世人眼中伤风败俗的情侣被迫分隔两地，但来自外界的阻挠反而更巩固了他们的爱情。他们一通电话可以讲几个钟头，布丽吉特总是在关键的时刻鼓励、安慰马克龙，给他意见和无限的关爱。这期间她自己也勇敢地选择和丈夫离婚，不顾一切地走自己的路。

马克龙完成学业后进入金融界，成为出色的财经专家，布丽吉特也顺利地进入巴黎著名的私立学校任教。她从不隐瞒她与马克龙的关系，家长们都知道。学生们第一次看到穿着短裙或皮裤，蹬着高跟鞋的女老师，完全颠覆了传统女老师该有的严谨刻板印象。她活泼可亲，上课方式生动，学生们总是特别期待她的课，因为每次都有惊喜。

2012年，奥朗德上台后聘请马克龙作为总统顾问，不久他又被延揽入阁，出任财经部长。在一次国宴上，大家初次看到马克龙夫人，媒体开始追踪她，她决定辞去教职。这对惊世夫妻此时又做了一件前所未有的事：马克龙将她延揽到他的团队中无薪任职，她每天在丈夫的身边工作，负责他的行程和对外联络工作。两人朝夕相处，形影不离。

马克龙真的在他29岁时实现了诺言，娶布丽吉特为妻。他在结婚前分别和布丽吉特的3个孩子深谈，解释他和布丽吉特共同生活的计划，征得了他们的同意和祝福。3个已成家的兄妹一致赞成，从此成为一家人。在婚礼的致辞中，马克龙特别感谢3个孩子对他的包容，并且强调他和布丽吉特不可能有孩子，所以此后她的孩子和孙子就是他的家人，他的亲人！

当外界对他们的婚姻质疑或嘲弄时，马克龙不止一次地说："和我相比，布丽吉特为了和我在一起，她必须比我有更多的勇气去忍受铺天盖地的指责，面对异样的眼光、不堪的侮辱和讪笑。我们一起经过重重的障碍和漫长的等待，她默默地承受着外人无法想象的压力，我对她有无限的感谢、珍惜和佩服。我深信，如果我们能一起突破这么多的困难，我有信心将来也能带领我们的国家走出一条路，没有什么是不可能的！"

马克龙的这番话不仅吸引了媒体，也说服了一大半的法国人，最重要的是有50％的选民是女性！

如此浪漫感性的发言挑起了大众对布丽吉特的好奇心，大家都想知道（尤其是女性），一个近40岁的女人到底具有什么特殊魅力，能让一个16岁的男孩不仅爱上她，居然还娶她为妻，即使当上总统后也对她不离不弃。神奇啊！于是布丽吉特开始曝光。姑且不论这是有心操作，还是媒体主动的追逐，他们的照片及过去种种不断出现在各种媒体上，一夕之间，全世界都开始关注这对与众不同的夫妻。

年轻的心与坚强的意志力

64岁的布丽吉特常常是一身牛仔裤或皮裤劲装，脚踩靴子或时髦球鞋，要不就是膝盖以上的短洋装搭配3寸高跟鞋，使她傲人的双腿更加修长——她并没有因为年纪而把自己打扮得像个"欧巴桑"①。她并不漂亮，皮肤因过度暴晒而显得黝黑且皱纹很多，五官也无过人之处。她最大的武器就是迷人的笑容和亲切真诚的态度，给人一种温暖的感觉。她很真诚，丝毫不做作，总是神采奕奕，即使穿着高跟鞋走路，也很敏捷、自然，充满了积极的力量。

可以想象，她的穿着打扮招来了众多非议，尤其是她成为第一夫人后，很多人批评她的穿着有损第一夫人的形象。也有人觉得以她的年纪，裙子不该那么短，高跟鞋也太高，形象不够优雅等，但她并没有因此而改变，完全按照自己的个性，没有丝毫改变，反正她一生所做的事都与传统背道而驰。我想，她这一路走来，如果身体里没有住着一颗年轻的心，没有坚强的意志力，没有过人的乐观和智慧，如果那么容易受人影响……那她应该早就放弃了。这些年，她早已习惯了旁人的不认同，她早就知道只有勇往直前才能达到自己

———————

① 欧巴桑是日语发音，原意为大嫂或阿姨，泛指中老年妇女。

心中的目标，无论是她的事业还是私人领域。

　　布丽吉特是马克龙的老婆、朋友、伙伴、亲人，也是他的精神支柱。他常说太太带给他安稳的力量，是他维持个人平衡不可缺的元素。在一篇访谈中，布丽吉特谈到为什么他们选择住在总统府里时说，因为只有住在那里他们才能随时见面。她说："住在总统府里，我们可以利用他行程的空档说说话，最重要的是我们每天一起晚餐。两个人在一起的幸福，以及可以一起做一些事情是我们最大的动力来源。我先生常说，心中有爱，做事才能发挥最大的潜能。我自认拥有幸福的天分，对！幸福和自由的天分。"

　　马克龙很少谈及他的原生家庭，他的父母亲好像很早就分开了，或许也是因为这段风风雨雨的爱情使他和家人疏远了。因此有一种说法，认为布丽吉特给了他一个现成而完整的家，她的3个孩子在竞选中全力加入助选。在某种程度上，他不必像一般男人那样需要边照顾妻小边冲刺事业，他可以专注于在政治舞台上发光发热，说布丽吉特是造就今日法国总统的幕后推手也不为过。

　　我们在电视报道里看到总统候选人在练习演讲时,布丽吉特场场都出席。她坐在台下专注地倾听,充分发挥戏剧指导的专长,对马克龙的声调和讲稿毫不犹豫地修正调整(据说马克龙的演讲稿都要她过目)。如果说她对马克龙是毫无保留的崇拜,那马克龙对她则是百分之百的信任。每次公众演说结束后,他第一个寻找的就是太太的眼光,好像在问:"今天你给我打几分? "很多人因此怀疑她干政,但她说,自己只是负责对马克龙说别人不敢说的实话,这是他们20多年来相处的模式。她对媒体说自己不是马克龙的军师,只是粉丝团的团长。

　　布丽吉特热爱文学和戏剧,文化素养极高,这不仅是维系夫妻间的连接,也是她能很快地融入巴黎高层社交圈的原因。马克龙担任部长时,通过布丽吉特的引荐而认识了许多文化圈的人,为日后建立起有用的人才库。在生活起居方面,她也如妻如母般地照顾他。全法国人都看到在宣示就职那天，马克龙主持完一个仪式回来，淋了一身雨。进门后，布丽吉特马上迎上前去温柔地说："先去换一套衣服吧！"

无论如何，这些都只是表面的观察，男女之间的事情只有当事者自己清楚。但我相信这对如此突破传统、超脱世俗标准的伴侣能够坚持走到最后，一定有其不凡的因素，毕竟女人终究逃不过皮囊这道关卡。

她的魅力来自于人格特质

谁都不能否认，外在条件仍是不可缺的。布丽吉特虽然掩饰不了岁月的痕迹，但是她的装扮、言行举止和态度并没有放任自己老去。她努力地把自己打点好，但绝不是仅靠外表来维持他们之间的关系，她的魅力主要来自她的人格特质。虽说她的打扮年轻帅气，但是背后如果没有活泼、真诚、率直、热情和乐观的个性支撑着，充其量也不过是一个装年轻的老女人而已，只会让人觉得荒谬反感。相由心生，衣服是要由心态支撑起来的。

　　任何一对伴侣在一起都需要一点互相的欣赏。布丽吉特遇到了一个才华过人又有胆识、勇于为爱反叛传统的少年，她也选择不辜负对方的信任，全力以赴地支持他，竭尽所能地保护他。从一开始，她就坚信这个男孩是可造之才，默默在旁边照顾他，栽培他，造就他，以他为荣，直到有一天和他共享成功的果实。她对承诺的回报是坚忍不拔地承受，勇敢地面对，乐观地期待。这样的回报只能让对方更加折服，这种互信才是他们之间最大的财富。

　　话又说回来，如果没有马克龙的坚定，她也无法排除万难，等待拨云见日的一天。没有几个女人有这么大的毅力、勇气和智慧（或傻气），为一个不确定的未来去背负这么大的压力。

　　他们之间除了爱以外，还有马克龙对她的依赖。在许多报道中都可以看到马克龙无论走到哪儿都会问："布丽吉特呢？她在哪儿？"他需要她随时守候在身边，也竭尽所能地保护她。布丽吉特自从当上第一夫人后谨言慎行，公众很少听到她发言。她说话温柔低调，字字斟酌，绝对不做任何会让总统为难的事。他们就像连体婴似的，共生共存。从以前到现在，只要马克龙想做的事，她一定全力支持到底，意志坚定，像一个勇猛的小兵带着信念和热情往前冲，但她也从不忘记坚持自己的人格。他们访问联合国期间，在拍纪念照时，她拒绝礼宾司的规矩，宁愿不入镜，也不愿站在总统的身后，她要站在丈夫的旁边。

她总是说："我是我先生的太太，不是总统的太太！"她是一个我行我素，坚持走自己的路的女性。在爱情面前，她展现出过人的勇气和意志力，又坚忍不拔地为自己认定的人奉献，她的确是一位值得许多女性思考的稀有模板。

20 像猫一样的女人——卡拉·布吕尼

在法国，她是有名的"男人杀手"（croqueuse d'homme可直译为"吃男人的女人"）。她好像出兵必胜，思想自由开放，信仰不婚主义，追求浪漫爱情。我们不想做任何道德批判，只想知道她为何能所向无敌、颠倒众生？

电视上她正在接受访问，穿着一件蓝色领子的毛衣，和她眼睛颜色一模一样的蓝。我不知道她是否化了妆，但给人的感觉是裸妆，只是让她看起来气色很好而已，既家常又自然。中分的长发很明显是整理过的，却有意略显几分凌乱。我知道这是法国人的强项，一切不刻意都是精准计算出来的。镜头拉近时，可以清楚地看到她眼睛下面和眼角的皱纹，脸也有些浮肿，线条不再那么紧绷细致。毕竟谁都逃不过地心引力，不知她有没有借助外力，但岁月还是很公平地在她脸上留下了痕迹。她的头发比以前短了些，多了一缕刘海，说话时她不但没有刻意地整理刘海，反而不时地拨开。下垂的眼皮使大而明亮的眼睛变小了，但睁大时仍像极了猫眼。笑的时候，细长的双眼和高耸的颧骨隐约带有几分东方的味道。

2007年，法国新当选的总统萨科齐52岁，匈牙利移民的后裔。这位年少时一头栽进政治界，能言善辩的年轻总统就职后并没有想象中意气风发，他看起来脸色沉重，紧张焦虑。不久就传出他的第二任妻子带着两人的儿子远走高飞，下嫁一位事业有成的公关公司老板，使他成为法国历史上第一位离婚的现任总统。听说萨科齐曾经在当选前努力挽回这段婚姻，但终究只能独守爱丽舍宫。没想到不久就传出总统有女朋友了，3个月后法国出了第一位在任期内结婚的总统。萨科齐上任的前半年，媒体几乎天天关心的不是政治，而是总统的婚事。这也难怪，因为这位新任夫人来头不小。

从国际名模到总统夫人

卡拉·布吕尼（Carla Bruni）生于意大利北部，父亲（继父，据说她的亲生父亲定居巴西）是企业家和业余音乐家，母亲是钢琴家，她上面有哥哥和姐姐，外婆是法国人。她从小不但经济环境优渥，而且受到耳濡目染的文化熏陶。她的父母是思想自由开通的知识分子，从某种程度来说，他们接受的是贵族式的教育。

卡拉就像童话故事里所说的，一出生就有一位仙女用魔棒在她的摇篮上点了点。她不但身材高挑，脸蛋美丽动人，而且接受了贵族式的淑女教育，再加上父母思想开放，养成了她特立独行的个性。她只凭3张照片就进入模特界，而且马上蹿红成为国际名模。经纪公司的确非常有眼光，一眼就看中了她与众不同的气质。

卡拉不仅是国际级的顶尖模特，情史更是多彩多姿。与之交往的没有普通人，不是知名艺人，就是出版界或政治界的重量级人物。她一向"花名"在外，不肯结婚，但是和一位才华横溢的哲学作家生了一个儿子。可以肯定的一点是，她选男人的标准比较倾向于才华，而外貌常常令人跌破眼镜。

据她自己说，她和萨科齐是一见钟情，身高175厘米的卡拉与身高166厘米、年龄相差12岁的萨科齐相识3个月后就闪婚了。当然，有很多人批评她势利眼，追求奢华的生活、权力和地位……其实这些虽未必是假，但以她的出身和教养来看，也不可能看得上平庸的众生。若说她爱慕虚荣倒未必见得，因为她自己财力雄厚，无须靠男人供养便可享受奢华的生活。因此能吸引她的应该是聪明才智，但对方肯定不能潦倒，她的生活早已设定在某个标准以上了。

也许受家庭环境的影响，卡拉从小就喜欢哼哼唱唱、写东西。1997年，她做了10年名模后毅然引退。反正不愁吃穿，她开始认真写歌、填词，把以前零零碎碎的东西集合起来，慢慢变成完整的作品。

因为她自认为没有做专业歌手的嗓音，起初只是为他人作嫁衣。后来许多歌手觉得她的东西非常个性化,应该由她自己来唱,于是她就拜师练嗓,终于在2002年出了第一张唱片。唱片卖得不错,但受到的批评也很多,很多行家说她根本没有声音,只是在你耳边吹气而已,总之毁誉参半就是了。但她毫不在乎,决定继续走这条路。2008年和2013年陆续推出唱片,中间还得了奖,最近又出了一张英文老歌翻唱的新片。

其实她从出道以来就一直是公众人物,习惯面对媒体,必要时也能视若无睹,四两拨千斤,淡定得令人几乎有些失望无奈,完全显示出她与生俱来的贵族气息。

卡拉成为法国第一夫人之际,许多媒体把她之前众多的情史,甚至拍过的裸照翻出来大做文章。但她处变不惊,中规中矩地把第一夫人的角色扮演得非常完美,从没有一句不得体的发言和举止。为了先生,也为了荣誉,她把从前的放荡不羁和随心所欲完全收敛起来,不愧是大家闺秀出身,从小的教养在需要时马上就可以派上用场。

为什么她能所向无敌、倾倒众生

在法国，她是有名的"男人杀手"（croqueuse d'homme 可直译为"吃男人的女人"）。她好像出兵必胜，思想自由开放，信仰不婚主义，追求浪漫爱情，直到40岁那年闪婚嫁给萨科齐，她才真正安定下来。10年过去了，两人有一个6岁的女儿，感情一如当初。

无论她过去的行为和名声如何，我们不想做任何道德批判，只想知道她为何能所向无敌、颠倒众生？首先，不得不说她低沉沙哑的声音很迷人，让人骨头酥软；其次，她的语速不疾不徐。她善用许多法文的发音特质，不时嘟起上唇，而且不吝报以百分之百的微笑，甚至大笑。虽然笑的时候眼睛变小了，但眼神仍然专注——她给人的感觉就是全世界她只专注于你。也许因为职业经历，她非常擅长不着痕迹地运用肢体语言。例如，说话时很随意地拨开刘海和头发，适当时低头倾向对方，让人有种无距离的亲和感。她很少和人正面开杠，但随时会温柔礼貌地挡回去。她很聪明地表示可以不喜欢某些人，但从不与人为敌，因为她讨厌冲突。

礼貌和教养来自她从小接受的教育，无论是否由衷，卡拉在任何时间、对任何人都非常谦虚礼貌，不把自己当大人物看待。她总是云淡风轻，潇洒自然，平易近人，这真是一等一的高雅，真正的大气。她像一只猫似的，永远从容不迫、慵懒自在，想躺在哪儿晒太阳就躺，躺够了站起来伸个懒腰，打个哈欠，转身就不见了。高兴时，会靠在你身上磨蹭，要你腾出一只手来抚摸它；你需要时，它也会适时温柔地靠近你，告诉你它就在身旁。

在一次访谈中，卡拉说她年轻时沉迷于玩乐，浪费了很多时间。所以结束模特生涯后，她开始看很多书充实自己，手边随时都有一本书。她从小就是一个内向孤独的小孩，闲时喜欢写写东西，这也为她后来开始创作打下基础。

为法国传统注入新气象

在所有访谈中，卡拉不仅态度轻松自然（如果她是在表演，那演技水平也很高），对于很多问题也勇于表达自己的观点。她不喜欢说教式的道德观，不喜欢批判者，也很少批判别人。对于她见过的知名人士，如曼德拉等，她虽然觉得很荣幸，也很开心，但并没有特别景仰；反倒是一些默默无名的志愿者，令她觉得特别了不起。嫁给右派总统之前，她的政治观点一直是"左倾"的，也许到现在为止仍然是，但在法国这属于隐私，很少有人会公开提出这个问题。

　　她一向独立，习惯了我行我素，不太理会外界的批评。但身为第一夫人期间，她为了先生，也为了自己身份的象征，卡拉的确尽其所能地做到没有落下任何话柄。大部分法国人对第一夫人感到骄傲，觉得她优雅、漂亮、得体，言谈谨慎小心，从不逾矩。卡拉至少能说3国语言，在国际舞台上，她形象好，人气也高。她的出现，为法国的传统注入了一股新气象。从报道中可以看到爱丽舍宫变得更轻松，更接地气，总统夫妇的互动就像普通夫妻一样。这些都源于卡拉的真诚自然，她对周围所有人的礼貌和尊重，让你完全看不出她有任何架子。还有一点是前所未有的，她虽然取消了所有巡回演唱会，但还是在总统夫人任内出了唱片。她坚持一周住在爱丽舍宫几天，其他时间和总统住在自己的家。她坚持保持自己的空间和自由，坚持继续自己的创作工作。

前不久，为了新唱片的宣传，她接受电视访问。现场所有人，包括女作家、著名男性文评人及其他各界人士，不分男女都被她吸引住了。原本有人想为难她，但听她谈话后都投降了。在场有人形容她像森林之书里的蛇，静静地观察后，再把你一口吞下去。

卡拉除了有像猫一样的眼神，她的慵懒、自在、独立、温柔、不驯、优雅的肢体语言、低沉沙哑的声音（她光是对你说"日安"时，你就已经被征服了一半）和悠然自得的态度，都散发着让人难以抗拒的诱惑力。但是我觉得她的聪明、独立思想及内外合一的真诚，才是她最吸引人的地方。虽然她现在总是一身牛仔裤、毛衣、平底鞋或短筒靴打扮，但比起以前艳光四射的卡拉，现在的她更安闲、更自信、更真实、更迷人！

21 找到内心的阳光——
朱丽叶·比诺什

> 她很少看自己曾经演过的作品，过去的就过去
> 了，不想回头看。对她而言，每件已经发生的事都
> 值得体验，每次感情受挫都是一个探索自我的机
> 会，但不必遗憾，也没有后悔。

中国台北，第53届金马奖（2016年）的颁奖晚会上，法
国少有的国际级影后朱丽叶·比诺什（Juliette Binoche）与导
演侯孝贤搭档，颁发最佳导演奖。朱丽叶身穿白色长纱裙，
上身搭黑色西装外套，没有化刻意的舞台妆，头发也没有梳
特别的造型。她落落大方地走出来，完全没有想象中大明星
的阵仗和规格，她很清楚地为自己充当的颁奖者角色明确定
位。法国人经常把一句话挂在嘴上"不要真的把自己当一回

事"，意思是不要把自己看得太重要。她当然知道，也非常清楚自己当天扮演的角色，所以她选择谦和自然，以同为表演工作者的态度面对观众。

　　我不知道那天大会是如何安排的，我只看到在度秒如年的冷场时刻，在没有翻译、没人引导她的尴尬情况下，她幽默轻松地替全场解围，用流利的英语实时发表了一段既得体又真诚的演说。她的应变能力和幽默充分展现了她的智慧，这种宽容的心态是见过世面的优雅，来自内心的礼貌。她的真诚展现了她对艺术、对世界的宏观视野。虽说她经验丰富，但是如果没有足够的文化底蕴和对人生的深刻认识，充其量也只是一个大明星而已，不会是一位风韵迷人的知性女子。

　　朱丽叶生于1964年，出生在表演世家，所以她很早就想做演员。18岁出道后作品不断，但像所有从事演艺工作的人一样，她的演艺事业有起有落。自《新桥恋人》之后，她开始受到瞩目，从此很少中断演出。她是全球第一个拿到威尼

斯、戛纳、柏林、恺撒四大影展大满贯的影后，在她之后只有朱丽安·摩尔可以与之匹敌。《英国病人》使她成为法国第二位奥斯卡金像奖得主。

还记得《新桥恋人》《英国病人》和《心灵暖阳》里的朱丽叶吗？

"右手提着几个塑料袋，左手拿着一个写生的夹子。左眼整个被一大块胶布遮住，显然是看不见了，不知多久没洗的头发乱七八糟地披散着。她一个人走在深夜的街头，最后精疲力竭地躺在正在维修的新桥上睡着了。眼窝深陷，一脸疲惫憔悴，一种走到尽头的绝望是她的全部表情。她穿着邋遢松垮的衣服，破烂不堪的鞋子，活生生就是标准的巴黎游民。

开始时，她孤独、冷漠、阴暗、脆弱，有种放弃一切的不在乎。后来她遇见了和她一样的游民，就像巴黎圣母院里的驼背人一样默默地守护着她。两个来自不同世界，却相伴游走于社会和生命边缘的人，开始一起喝酒、偷钱。她带他去海边，去看雪，去坐摩天轮，做尽一切疯狂的事。两人互相取暖，给予对方关怀和一点点温柔。他愿意为她做任何事，甚至进监牢。最终，他们找到了那种最原始、最本能的真情。"

——《新桥恋人》

"第二次世界大战末期，加拿大籍护士汉娜为了照顾一个失忆且面目全非的重度灼伤者，决定脱离救护队，独自和病人留在一座废弃的修道院里。她在有限的条件下，想尽办法悉心照料这位特殊的病人，用天真、执着的热情和温柔，乐观地迎接充满地雷的每一天。她读书给病人听，弹巴赫的《哥德堡变奏曲》，让病人忘记痛苦；她拿着蜡烛，攀着绳子，看修道院墙上的壁画；她和印度籍的拆弹专家谈恋爱……在接连失去挚爱、亲人的无奈战争中，她仍然能被病人感动，用她灿烂的笑容把日子过得津津有味，对未来有永不放弃的浪漫情怀。"

——《英国病人》

"伊莎贝尔是一位离婚的中年画家，性感且才华洋溢，带着女儿独自生活，虽然艳遇不断，但感情路上总是跌跌撞撞。每次她以为接近真爱时，却总是失望收场。明明晚上觉得自己无比幸福，早上醒来却完全不是那么回事。难道她的一生就这样了，再也找不到真爱了吗？事业上的成功无法带给她平静和快乐，一次又一次的碰壁使她不知所措，最后她向一位通灵师求助，结果通灵师说：'先照顾好自己，走你要走的路，找到你内心深处的太阳，打开门让它进来。如果你不开门，那你的头上永远就是阴天。'"

——《心灵暖阳》

从不设限，更不在乎形象

屡屡得奖对朱丽叶而言算是一种补偿，因为她小时候成绩不是太好，从来没得过任何奖。进军好莱坞并不重要，她只是渴望与来自世界各地不同文化的导演合作，尝试从不一样的角度和思考方式去诠释各种类型的角色。她对世界，以及对"人"比较有兴趣。

　　她从不给自己设限，更不在乎形象。她可以很美，也可以很普通，甚至邋遢。她可以演阴暗深沉、内心千疮百孔的游民；可以演疯疯癫癫、行为浮夸的贵妇；可以演浪漫热情的护士；可以演年过半百仍在追求爱情的现代性感女郎……她完全不在乎已经发胖不再完美的身形，毫无保留地表演情爱细节，无论在屏幕上还是私人领域，她都不拘泥于任何形式，也不受现状的限制，一直追求新东西。她本来就会画画，在演艺生涯已经发光发亮时又开始钻研舞蹈，和舞团在世界各地巡回演出；2017年，她与知名钢琴家合作朗诵，表演法国著名作曲家和歌手芭芭拉的经典作品。她不停地向前走，尝试各种没有经历过的事，永远有做不完的计划。

　　朱丽叶拥有法国女人的标准外形，个子不高，褐色的头发，仔细看五官并不特别出色。她像许多法国影星一样，走在路上不会引起人们特别的注意（事实上，法国人对在路上偶遇的明星并不会刻意去打扰，因此明星们也很少有保镖随行）。她最吸引人的是那双褐色的眼睛及深邃的眼神，那是具有高度热情且专注的眼神，时而深情，时而哀伤，时而犀利，时而调皮，像天上的云朵般变化多端，可以诉说千言万语。她的眼神既可以融化你、让你焦虑、让你看到闪烁的星星，也可以让你感动得流泪或跟随她欢笑。

她还有两样我认为难以抗拒的武器，那就是她的笑容和笑声。她有百分之百慷慨且毫无保留的笑容。除了在荧幕上，我从未见过她本人，但我看过无数她的专访，每次都是为了新片宣传或影展而做的访谈。她一向真诚不做作，服装打扮也很随性，仿佛只是要去楼下喝杯咖啡而已。她很少回避记者的问题，只是自在地忠于自己。她会谈到许多从专业和个人体验所获得的启发，不时伴着响亮豪迈的笑声，像磁铁一样把人吸过来的笑声，让人能卸下心防的笑声。

一位勇往直前的生活实践家

从她的谈话中可以感受到，她一向是个勇往直前的生活实践家，认真地活在当下。她很少看自己曾经演过的作品，过去的就过去了，不想回头看。对她而言，每件已经发生的事都值得体验，每次感情受挫都是一个探索自我的机会，但不必遗憾，也没有后悔。因为没有痛过就没有蜕变，没有事业上和感情上的挫败，她也不会懂得谦卑，无法真正认识自己，不会懂得在适当的时候说不。每次快沉下去时又浮了上来，然后又沉下去，再浮上来，人生就是这样沉沉浮浮，重要的是永远抱着希望。

　　她不仅是一个开朗、充满活力与创造力、独立、成熟、清楚自己要什么的人，而且是一个非常感性的性感女人。她不喜欢运用太多的表演技巧，而是直接融入人物，用身心去感受剧中人的感情，并做出反应。戏外的她，给人的感觉也是言行合一的。岁月虽然辗过她的容貌和身材，但这种经过沉淀后的真实，令她显得格外自信、迷人，是一种摆明了无意于诱惑他人的诱惑力。她不是一尊漂亮的人偶，她是有血有肉、有智慧、有思想、有深度、幽默性感、一化妆便明艳动人的56岁女人。就如影片中那位通灵师所说，朝着你要走的路往前走，重要的是找到住在你心里的灿烂的太阳。阳光一直都有，重要的是你愿不愿意看到。如果你打开门让它进来，它就会为你带来一片风景；如果你拒绝，那你的头上永远乌云满天。

永远抱着希望，永远不放弃追求爱的意念，无论你多少岁。

22 有一种美叫岁月——苏菲·玛索

在苏菲·玛索身上，我却看到岁月给予她的礼物。也许是因为她出道太早，一下子就进入演艺圈，所以她缺乏文化的基本内涵。但随着经验、个人努力和人生的累积，让她慢慢认识了自己，找到了自信，从一个漂亮娃娃变成成熟且迷人的女性。

苏菲·玛索（Sophie Marceau）可能是当今全球知名度最高的法国女演员，曾多次被法国人票选为"最喜欢的女人"。除了因为她的外貌出众（五官端正，身高173厘米，三围标准），笑容甜美动人之外，最重要的是她特别有亲和力，不像有些女明星让人有高高在上无法亲近的感觉。

苏菲·玛索13岁进入演艺圈，扮演叛逆少女，一炮而红，后来接演续集，同样卖座。法国人几乎看着她从小到大一路成长，而且始终如一，苏菲还是原来的苏菲（至少给人的印象是表里合一）——一个非常独立的现代女性，从不吝于表白（虽然在公共场合发言并不是她的强项）。

透过镜头，我们看着苏菲从甜美少女蜕变为成熟女性，让我们知道，有一种美丽叫作岁月。

齐耳短发，刘海下一双褐绿色的大眼睛，饱满丰润的小嘴，婴儿肥的双颊仍稚气未脱。13岁的薇卡（苏菲在电影《初吻》中饰演的角色）情窦初开，为了暗恋的男生想尽办法要参加人生的第一次舞会。她嘟着嘴和父母吵架，和闺蜜们研究爱情与策略。疼她的曾祖母既是她的幕后军师，也是她的人生导师。从生疏的舞步到青涩的初吻，愤怒的叛逆，委屈的泪水，活生生就是青春期少女们的写照。《初吻》这部1980年推出的电影出奇地卖座，在当年的排行榜上名列前茅，饰演小女生薇卡的苏菲·玛索也因此一炮而红。3年后，她凭借此片的续集《初吻2》获得第8届恺撒奖最佳新人女演员奖，从此作品不断。

　　中年的苏菲·玛索闯荡影坛30多年，如果看她后期的作品，可以发现她和同龄人一样，不再年轻。她的双颊消瘦了，却令脸部线条更细致，而且展现出坚忍不拔的个性；她的眼皮下垂，略显三角形，眼角两条深深的鱼尾纹，但抬起头眯起眼大笑时，眼神中仍带有年轻时的慧黠和勾人摄魄的魅力；肌肤虽然松弛了，但有一种淡定自然的舒适。岁月在她的脸上留下了痕迹，却丝毫没有带走她的魅力，反而有种操之在我的自由。她好像不再需要借助太多外在东西了。

从来活得自我又自在

　　苏菲的出身背景平凡，父亲是货车司机，母亲是店员。9岁时父母离异，她跟着妈妈生活。13岁那年本来要应征广告模特，却被导演发掘，出演了轰动一时的电影《初吻》，从此踏上星路，再也没有停过。15岁时，她在戛纳初次遇见波兰导演安德烈·祖拉斯基（Andrzej Zulawski）。3年后，她与比她大26岁的祖拉斯基相恋。两人在一起生活了17年，生了一个儿子，她还曾跟随他去波兰生活了一段时间。2001年，两人分手。后来，她与美籍制作人吉姆·莱姆利（Jim Lemley）坠入爱河，生了一个女儿，这段关系维持了8年。2007年，她在自导自演第二部影片《魅影追击》时，爱上了男主角克里斯托弗·兰伯特（Christopher Lambert）。2014年，二人宣告分手，苏菲又恢复了单身生活。

苏菲·玛索不只是电影明星，她还挑战舞台剧，出过唱片，写过一本小说，执导过两部电影，饰演过"007系列"的"邦德女郎"，和梅尔·吉布森合作过电影《勇敢的心》，她是少数踏入国际影坛的法国演员之一。

她可以说是人生胜利组，老天爷给了她美丽的容貌，因为很早入行，她在少年时期就确认演艺是她喜欢的工作，找到了属于自己的路。她虽然不能被称为演技派演员，但名利双收，闻名全球。她本可以舒舒服服地过明星的生活，却努力地尝试不同的角色，甚至走到幕后编导，同时兼顾写书、画画的爱好，也没忘记做一个好妈妈。

　　除非为了新片宣传，苏菲·玛索很少曝光。她并不太喜欢接受媒体访问，觉得自己在这方面驾驭得不是很好，但是每次看到她都让人觉得很自然、诚恳。她不经常谈自己的私生活，但也不会矫情的回避。她不擅长长篇大论地叙述观点，只是简单明了地表达自己的意思。

　　从她演艺生涯的发展（18岁时向银行贷款100万，赎回高蒙电影公司和她签下的合约；自己选择角色，毅然投入导演这一行，拍自己想拍的作品；挑战难度高的舞台剧等），到她处理感情生活的率直真性情（21岁时决定和比她年长26岁的导演在一起），这种种都显示出她是一个自主性很高，认真追求自己理想的女性。她清楚自己的人生方向，事业有高有低，感情也并非一帆风顺，但她却勇往直前。她从没认真地规划演艺生涯，选择角色也是随着心走。

　　虽然年过半百，虽然身边没有伴侣，但她说：两个人的生活不错，自己一个人也可以很好；伴侣是要能互相带给对方向上提升的力量；每天早上睁开眼睛看到光线，就是一件幸福的事；老去是不可避免的，年龄只是一个数字，最重要的是永远保持好奇心，永远不要失去"想"要做什么的欲望。她虽然不是特别喜欢热闹，但是对"人"却永远保持着热情。她知道自己必须为知名度付出某些代价，但也懂得珍惜知名度带给她的别人没有的优势，而且更应该运用自己的影响力去做一些有益的事情。

苏菲从小就是个美人，生活圈子肯定给了她比一般人更好的条件。我不敢说她完全没有借助特别的人工保养，但她确实也和我们一样逐渐老去。相对于年轻时的漂亮，我更欣赏她现在的美。这通常是男性的专利，可是在苏菲·玛索身上，我却看到岁月给予她的礼物。也许是因为她出道太早，一下子就进入演艺圈，所以她缺乏文化的基本内涵。但随着经验、个人努力和人生的累积，让她慢慢认识了自己，找到了自信，从一个漂亮娃娃变成成熟且迷人的女性。

我相信她会越来越美，一个跟随内心努力向前走的女人是不会老的。

23 愿赌服输的女王——
玛丽亚·卡拉斯

眼睛已经够大了，还要描得更黑、更大；身材已经够高了，还要盘一个超过5厘米的髻；身上的衣服已经非常华丽了，还要佩戴珠光宝气的名贵首饰……她的脸上好像写着："卡拉斯就是这样！"

她13岁就被母亲推上舞台，30多岁举世闻名，54岁孤独地离开人世。她是音乐家，也是伟大的歌剧演员玛丽亚·卡拉斯（Maria Callas）。

卡拉斯一出生就被母亲厌恶，因为她不是母亲一直期待的儿子。足足有4天，母亲不肯抱一抱襁褓中的女婴，母女关系似乎从一开始就打了一个永远解不开的死结——这是她一生无法弥合的痛。在成长的过程中，母亲不断喂她吃甜食，以保持圆润的嗓音。13岁时，她身高154厘米，体重80千克。成年后体重变化不大，只是长高了20厘米，还多了一副厚如瓶底的深度近视镜，常常因此受到嘲笑和讥讽。直到她在意大利遇见了她的经纪人（后来成为她的丈夫），这位非常有生意头脑的企业家鼓励她减肥，并成功地将她推向世界歌剧舞台，她才完全脱胎换骨。

舞台上的天后

身高174厘米，体重52千克；浓黑的长发不是挽成髻，就是梳成蓬松妖艳的发型。鹅蛋脸，一双深色的大眼睛总是戏剧化地描得黑黑的；脸庞中央是长且挺的鼻梁，嘴唇饱满丰润，全身总是戴满贵重首饰。除了服装道具之外，舞台上和舞台下的她其实没什么两样，半点收敛都没有，台上台下都是天后。

她有一股女王般的慑人气势，有种君临天下的霸气，让人联想起埃及艳后。虽然她的五官并不细致，却有一种迎面而来的自信。眼睛已经够大了，还要描得更黑、更大；身材已经够高了，还要盘一个超过5厘米的髻；身上的衣服已经非常华丽了，还要佩戴珠光宝气的名贵首饰……她的脸上好像写着："卡拉斯就是这样！"

她在乐坛是出名的坏脾气，外号"母老虎"。在后台骂人、临时取消演唱会、被米兰斯卡拉歌剧院禁演、被美国乐团指挥抵制、连意大利总统都敢气走……但只要听她唱歌，就会感受到她内心深处的脆弱和灼热。

她的歌声不算完美，但是她能将角色的内心诠释得淋漓尽致：哀怨、凄美、决绝、妖娆、放荡、纯情……她每次都能把自己真正带入情境，成为剧中人物的化身。她对每个角色有自己的想法，也时常依照自己心境选择表演的节目——据说，她在结识奥纳西斯之后才开始演出《卡门》。这种特立独行的个性，也是她吸引人的地方。

卡拉斯平常说话的声音非常迷人，无论说英语还是法语，都带着腔调。或许因为天生的长相，她不笑的时候带点严肃的杀气，笑起来唇形微显O形，略带一种腼腆真诚的柔媚，上弦月的眉眼低垂地看着你，女人味十足。1958年，她演唱《圣洁的女神》时，穿着一身长礼服，梳着发髻，双手搂着肩上砖红色的披肩，悠悠地吐出会让人战栗的音符，像一位高高在上又脆弱的女神，真是美极了！

她是第一个把戏剧元素充分带入歌剧的演唱家，台上扮演不同的角色，台下的人生也热闹精彩。成名后，她走到哪儿都是众星拱月，不但酬劳不断翻倍，而且成为世界各地社交界争相邀请的名人。

虽然卡拉斯已于1977年过世，但喜欢歌剧的人对她绝不陌生，不懂音乐的人大多也曾听闻她和奥纳西斯、杰奎琳·肯尼迪之间的三角关系。认识奥纳西斯是卡拉斯人生最快乐、最任性的时光，也是将她带入毁灭的开始。

1955年，卡拉斯与奥纳西斯首次碰面。两年后，奥纳西斯在意大利设宴为卡拉斯庆祝，共宴请了5000人。晚宴上，卡拉斯艳光四射，头上顶着光环。奥纳西斯一向喜欢漂亮且有名的女人，他被卡拉斯吸引是意料之中的事。

奥纳西斯当时已年过半百，两鬓斑白，身高又足足比卡拉斯矮了10厘米，而且他是个出名的花花公子。他年轻时只身远赴阿根廷，白手起家硬是打造出一个航业王国。40多岁时为了扩大版图，他娶了希腊另一个航业世家年仅17岁的小女儿。婚后二人定居纽约，妻子为他生了一儿一女。

卡拉斯与奥纳西斯在意大利的那场晚宴上谈得兴高采烈。奥纳西斯虽然貌不惊人，但魅力十足，作风大胆时髦，聪明且能言善道，常以惊人之举讨女人的欢心。只要被他看中，很少有女人经得起他的诱惑。

当歌剧女王爱上霸道船王

1959年的夏天，卡拉斯夫妇接受邀请，乘奥纳西斯的豪华游艇度假。一路上船王逗得天后开心不已，每天游泳，喝香槟。两人都是希腊人，有聊不完的话题。游艇沿着地中海行驶，来到伊斯坦布尔那晚，卡拉斯终于投入奥纳西斯的怀抱，从此出双入对。奥纳西斯一直是个高调张扬的人，他赤手空拳打天下，一路顺遂成功，养成了天不怕地不怕的作风。他与知名女性交往时，炫耀都来不及，绝对不会躲躲藏藏。同年秋天，卡拉斯正式宣布离婚，奥纳西斯的太太也申请离婚，两人从此开始了一段7年的情史。

　　卡拉斯是真心爱上这位声名狼藉的船王了。她从小缺乏爱，一直是妈妈心目中的丑小鸭。成年后，她好不容易甩掉30多千克的赘肉，生活一直在苦练、排演和音乐会中打转，十分单调无趣。如今，她遇到一个精力充沛、野心勃勃且令她觉得自己是个女人的男人，她觉得自己整个人活过来了。奥纳西斯带她看尽世界，每天都有五花八门、赏心悦目的事，她渐渐疏忽了自己的歌唱生涯，不想练唱，演唱会越来越少。不过这些对她而言一点都不重要，她只想在她爱的男人身边好好生活，她梦想着有一天能嫁给他。

　　和奥纳西斯在一起时，卡拉斯笑得灿烂，少年时的阴影一扫而空，小时候的情感缺口好像被填满了。她不再自卑，

不再忧伤，不再焦虑，像一朵盛开的花——只为奥纳西斯盛
开的花。她可以为了他抛弃一切，完全不在乎自己的事业和
前途。唱歌对她而言已不重要，她想要的只是爱，是她从小
最缺乏的爱。爱使她容光焕发，她从年轻时的丑小鸭，蜕变
成优雅自信、魅力十足、妩媚动人的恋爱中的女人。

从许多纪录片里可以看到，那时的她淡妆，穿着短裤拖
鞋，轻松自在地开着玩笑，和她之前的雍容华贵完全判若两
人。在许多社交场合，也能看到两人温柔耳语的情形，看得
出她全心全意地享受这段感情。当奥纳西斯拥着比他高10厘
米的卡拉斯跳舞时，她亲密地依偎在心爱的男人怀里，他脸
上有征服全世界的满足。

由于疏于练唱（甚至连基本的发声练习都不做了），又
沉迷于烟酒且忙于社交活动，渐渐卡拉斯的嗓音开始出问
题。次数越来越少的音乐会上经常出错，她的事业亮起了红
灯，但她也不是特别在乎。一直以来，她都是任性地按照自
己的意愿活着，她执着地燃烧生命，抓紧手中稍纵即逝的快

乐。事实证明她是对的，因为好景不长。

1963年，传出奥纳西斯与杰奎琳的妹妹交往密切，有一种说法是他想借这个渠道与肯尼迪家族攀上关系。果然不久他就认识了肯尼迪夫妇，并且邀请他们去游艇度假。

不久之后，肯尼迪遇刺身亡，杰奎琳成为全世界媒体追逐的目标，身心疲惫的她恨不能带着一双儿女躲起来。奥纳西斯大概在这段时间乘虚而入，开始接近杰奎琳。虽然丈夫去世了，但她仍然是肯尼迪家族的一分子，还是美国人心目中的第一夫人；再加上罗伯特·肯尼迪正在准备角逐美国总统的大位，所以她和奥纳西斯的暧昧关系不便正大光明地公开。没想到，罗伯特·肯尼迪在竞选活动中也遇刺身亡，杰奎琳终于下定决心，脱离这个仿佛带有魔咒的显赫世家。1968年，杰奎琳决定带着儿女下嫁奥纳西斯，影响不亚于在美国丢下了一颗原子弹。

被这颗"炸弹"伤得最重的是远在巴黎的卡拉斯。她不是没有听到传闻，但她始终相信这不过是一桩以利益为前提的婚姻。也许是她太痴情，太天真，太专一。据说，奥纳西斯曾对她说："我是一个有名的人，我需要一个名女人在我身边……"他曾经拥有歌剧界的女王，现在他需要美国的"王后"。

奥纳西斯在他的希腊私人小岛上迎娶杰奎琳的当晚，卡拉斯正和朋友聚餐。据说，她开玩笑地对朋友说："杰奎琳的孩子还真的需要一个阿公呢！"

她没有歇斯底里，也没有死缠烂打地努力挽回奥纳西斯。她默默地隐居在巴黎16区的公寓里，每天隔着厚重的窗帘看着外面的世界，人们还是照样散步，遛狗，带着小孩玩沙堆。日子还是要过，但滋味不同了。

她不再开演唱会，只教教大师班，传承属于她的艺术。她还是一样的美丽迷人，一样的从容自信，仍带有高不可攀的气势，但多了永远无法挥去的哀伤，那种令人心碎的，无止境的哀伤。

她任性地豪赌了一场，最后输了。即便她对于爱情的背叛有再多的不甘，即便她日夜痛彻心扉，被过往一点一滴所吞噬，她仍保持着尊严，坚持不去打扰对方。倒是听说奥纳西斯结婚一个星期后，就跑到卡拉斯门口求见她。她大方地与他见面，之后两人仍保持联络，一直到奥纳西斯去世，两人都保持着深厚的情谊。奥纳西斯过70岁生日时，她送给他一条红色的爱马仕开司米毛毯，奥纳西斯随身携带。他住院的前一晚他们还通过电话，希望"那个寡妇"不在时，她能来医院看他，但死神已经不远了。

　　3年后，她因心脏病突发死在家中，结束了54年的精彩人生。她一生才华洋溢，容貌艳丽出众，气势逼人。舞台上，她得到众人的仰慕；舞台下，她不顾一切地追求爱。奥纳西斯是她的一生挚爱、朋友，以及生命的泉源。她像一团火似的不顾一切地燃烧，义无反顾地追求心中认定的人生。多么豪迈气魄的人生！多么美丽动人的女性！